太行山药用植物图谱丛书

清凉山药用植物图谱

太行山药用植物图谱丛书

清凉山
药用植物图谱

主编 / 郑玉光　景永帅

上海科学技术出版社

图书在版编目（ＣＩＰ）数据

清凉山药用植物图谱 / 郑玉光，景永帅主编. -- 上海 ： 上海科学技术出版社，2022.3
（太行山药用植物图谱丛书）
ISBN 978-7-5478-5665-9

Ⅰ．①清… Ⅱ．①郑… ②景… Ⅲ．①药用植物—井陉县—图谱 Ⅳ．①Q949.95-64

中国版本图书馆CIP数据核字（2022）第030243号

清凉山药用植物图谱

主编 郑玉光 景永帅

上海世纪出版（集团）有限公司
上 海 科 学 技 术 出 版 社 出版、发行
（上海市闵行区号景路159弄A座9F-10F）
邮政编码201101 www.sstp.cn
上海雅昌艺术印刷有限公司印刷
开本 787×1092 1/16 印张 8
字数 160千字
2022年3月第1版 2022年3月第1次印刷
ISBN 978-7-5478-5665-9 / R·2486
定价：118.00元

内容提要

　　本书采用图文结合的方式，系统介绍了98种具有代表性的清凉山药用植物。每种植物分别从植物名称、形态特征、药材信息、文献记载等方面进行描述，并配有植物个体、器官和药材图片。

　　本书对每种药用植物论述全面，可使读者充分了解植物的形态特征和药材信息，加深对药用植物的理解和认识，适合于中医药学相关人士及植物爱好者参考阅读。

|编委会名单|

主 编

郑玉光　　景永帅

副主编

张丹参　　吴兰芳

编 委

（按姓氏笔画排列）

马云凤	王 乾	代立霞	冯慧敏	戎欣玉	刘 冉	闫 萌	许力军	孙 慧
孙玉娟	孙世国	孙丽丛	苏紫藤	杜红霞	李中秋	李明松	李朋月	李建晨
邱晓月	邸梦宇	张 丹	张 浩	张仕林	张志伟	张国刚	张钰炜	张雅蒙
张瑞娟	陈 玺	国旭丹	庞心悦	郑开颜	赵 华	赵树春	胡贝贝	胡金颖
秦 璇	袁 淼	袁鑫茹	郭 龙	韩洪利	程文境	谢英花	薛紫鲸	冀晓龙

拍摄及资料整理

（按姓氏笔画排列）

马 灿	尹子博	刘东波	严玉田	张 硕	陈元滨	陈玮甜	苗朔源	郑曼玉
孟 雪	要依曼	陶 成						

前 言

　　清凉山位于河北省石家庄市井陉矿区西部,是一处集自然风光、人文景观、溶洞奇观为一体的风景名胜区。清凉山面积 13.65 km²,海拔 888 m,由水龙洞、白云观、神女峰、石林等六大景区,共 72 个景点组成。从主峰好汉寨西望,巍峨壮观的清凉山犹如一道垂直的绝壁横亘在矿区西部,人称"西山立壁"。因山势峻峭、古木苍翠、景色秀丽,山腰间多有天然溶洞,清泉常流,若炎炎夏日置身于此,顿觉清风习习、心旷神怡,故名"清凉山"。清凉山呈南北走向,山顶呈椭圆形,凸起近百米,四周为悬崖峭壁,山石嶙峋,高低错落,黄栌灌丛漫山遍野,每至深秋,叶红似火,层林尽染,蔚为壮观。南天门、石林耸入白云,好汉寨、美女峰险峻异常。清凉山主要由下古生界灰岩构成,在大地构造上地处井陉凹陷的西缘,在内外应力长期共同作用下形成了温带喀斯特景观,亿万年风雨侵蚀,使清凉山既有北方山峰雄伟壮观之势,亦有南方山川秀丽险峻之韵。丰富的地貌、水资源使得清凉山植被覆盖率高、气候适宜、生态环境复杂,为野生植物的生长创造了良好的条件。

　　本书主编郑玉光和景永帅分别作为第四次全国中药资源普查河北省普查专家组主任委员和河北省第五普查队队长,带领普查队员多次对清凉山药用植物资源展开系统的普查,借普查之成果,对清凉山药用植物资源进行统计和整理,进一步明确太行山脉-清凉山的药用植物资源种类。通过 2 年多的调查,对清凉山部分植物有了初步的统计,共记录植物 94 科、271 属、355 种。本书选取其中 98 种具有代表性的清凉山药用植物,从植物名称、形态特征、药材信息、文献记载等方面进行了整理,并配有植物个体、器官和药材图片,使读者充分了解植物的形态特征和药材信息,加深植物爱好者对药用植物的理解和认识。

因作者水平有限,本书的编写不免有疏漏之处,谨望广大读者提出宝贵意见。希望本书的出版,能够普及药用植物相关知识,使更多的人认识、了解药用植物,以更合理地开发和利用药用植物资源。

编者

2021年11月

| 目　录 |

第一部分
蕨类植物门

第二部分
裸子植物门

第三部分
被子植物门

目录

第一部分

蕨类植物门

木贼科 *Equisetaceae* —— **木贼属** *Equisetum*

问荆

Equisetum arvense L.

【植物形态】中小型植物，高5～35 cm。**茎：**根茎斜升、直立和横走，黑棕色，节和根密生黄棕色长毛或无毛。**孢子囊：**孢子囊穗圆柱形。**果：**能育枝春季萌发，黄棕色，无轮茎分枝，脊不明显，有密纵沟；鞘筒栗棕色或淡黄色，狭三角形。花果期6—9月。

【药材名】问荆（药用部位：全草）。

【性味归经】甘、苦，凉，归肺、肝经。

【功用】止血，止咳，利尿，明目。用于鼻衄、吐血、咯血、便血、崩漏、外伤出血、咳嗽气喘、淋证、目赤翳膜。

【使用注意】毒副作用尚不明确，谨慎用药。

【文献记载】问荆，又称接续草，始载于唐代《本草拾遗》："主结气瘤痛，上气气急。味苦，平，无毒。"《认药白晶鉴》中记载："生于峡谷，生状、颜色、茎节等似蒲草根淡黄色，节生叶状如嫩马蔺叶，茎上端叶收拢形成玛瑙形态图。"

1.问荆 2、3.茎

图1 问荆

第二部分

裸子植物门

麻黄科 Ephedraceae —— 麻黄属 *Ephedra*

草麻黄

Ephedra sinica Stapf

【植物形态】草本状灌木,高20～40 cm。**茎**:木质茎短或成匍匐状。**叶**:叶2裂,裂片锐三角形,先端急尖。**花**:雄球花多成复穗状;雌球花单生,卵圆形或矩圆状卵圆形,成熟时肉质红色。**种子**:通常2粒,包于苞片内,黑红色或灰褐色,三角状卵圆形或宽卵圆形。花期5—6月,种子8—9月成熟。

【药材名】麻黄(药用部位:茎);麻黄根(药用部位:根)。

【性味归经】麻黄:辛、微苦,温,归肺、膀胱经;麻黄根:甘、涩,平,归心、肺经。

【功用】麻黄:发汗散寒,宣肺平喘,利水消肿。用于风寒感冒、胸闷喘咳、风水浮肿。麻黄根:固表止汗。用于自汗、盗汗。

【使用注意】麻黄:体虚自汗、盗汗及虚喘者禁用;麻黄根:有表邪者忌用。

【文献记载】麻黄,始载于东汉时期《神农本草经》:"发表出汗……止咳逆上气。味苦,温。"魏晋时期《名医别录》:"麻黄生晋地及河东。立秋采茎阴干,令青。"《本草经考注》:"其色黄,其味麻,故名。"

1. 草麻黄　2. 茎　3. 果

1　2　3

图2　草麻黄

银杏科 Ginkgoaceae —— 银杏属 *Ginkgo*

银杏

Ginkgo biloba L.

【植物形态】乔木,高达40 m。**茎**:幼树树皮浅纵裂,大树之皮呈灰褐色。**叶**:扇形,淡绿色;在一年生长枝上螺旋状散生。**花**:球花雌雄异株,单性,呈簇生状;雄球花荑荑花序状,淡黄色;雌球花具长梗,淡绿色。**种子**:椭圆形,倒卵圆形或近球形,成熟时黄或橙黄色,有臭味。花期3—4月,种子9—10月成熟。

【药材名】银杏叶(药用部位:叶);白果(药用部位:种子)。

【性味归经】银杏叶:甘、苦、涩,平,归心、肺经;白果:甘、苦、涩,平,有毒,归肺、肾经。

【功用】银杏叶:活血化瘀,通络止痛,敛肺平喘,化浊降脂。用于瘀血阻络、胸痹心痛、中风偏瘫、肺虚咳喘、高脂血症。白果:敛肺定喘,止带缩尿。用于痰多喘咳、带下白浊、遗尿尿频。

【使用注意】银杏叶:有实邪者忌用;白果:生食有毒,不宜生食。

【文献记载】银杏,始载于宋代《绍兴本草》:"银杏,以其色如银,形似小杏,故以名之。"

1.银杏 2.叶 3.果 4.银杏叶 5.白果

图3 银杏

| 1 | 2 | 3 | 4 |
| | | | 5 |

第三部分

被子植物门

杜仲科 Eucommiaceae —— 杜仲属 *Eucommia*

杜仲

Eucommia ulmoides Oliver

【植物形态】落叶乔木，高达20 m。**茎**：树皮灰褐色，粗糙，内含橡胶；芽体卵圆形，红褐色。**叶**：椭圆形、卵形或矩圆形；基部圆形或阔楔形；上面暗绿色，下面淡绿；边缘有锯齿。**花**：花生于当年枝基部，雄花无花被；苞片倒卵状匙形，边缘有睫毛，早落；雄蕊药隔突出，花粉囊细长；雌花单生，苞片倒卵形。**果**：翅果扁平，长椭圆形。**种子**：扁平，线形，两端圆形。花期4月，果期10月。

【药材名】杜仲（药用部位：树皮）；杜仲叶：（药用部位：叶）。

【性味归经】杜仲：甘，温，归肝、肾经；杜仲叶：微辛，温，归肝、肾经。

【功用】杜仲：补肝肾，强筋骨，安胎。用于肝肾不足、腰膝酸痛、筋骨无力、头晕目眩、妊娠漏血、胎动不安。杜仲叶：补肝肾，强筋骨。用于肝肾不足、头晕目眩、腰膝酸痛、筋骨痿软。

【使用注意】杜仲：阴虚火旺者慎服；杜仲叶：阴虚火旺者慎服。

【文献记载】杜仲，始载于《神农本草经》："主腰脊痛，补中，益精气，坚筋骨，强志，除阴下痒湿，小便余沥，久服轻身耐老。"

1.杜仲　2.茎　3.叶　4.杜仲叶（药材）

图4　杜仲

| 1 | 2 | 4 |
| | 3 | |

桑科 *Moraceae* —— 构属 *Broussonetia*

构树

Broussonetia papyrifera (Linnaeus) L'Heritier ex Ventenat

【植物形态】乔木,高10～20 m。**叶:** 螺旋状排列,广卵形至长椭圆状卵形,先端渐尖,基部心形,两侧常不相等,边缘具粗锯齿。**花:** 雌雄异株;雄花序为柔荑花序,粗壮;雌花序球形头状,苞片棍棒状,顶端被毛,花被管状。**果:** 聚花果,成熟时橙红色,肉质;瘦果具与等长的柄,表面有小瘤,龙骨双层,外果皮壳质。花期4—5月,果期6—7月。

【药材名】楮实子(药用部位:果实)。

【性味归经】甘,寒,归肝、肾经。

【功用】补肾清肝,明目,利尿。用于肝肾不足、腰膝酸软、虚劳骨蒸、头晕目昏、目生翳膜、水肿胀满。

【使用注意】大便溏薄者、痰多者忌用。

【文献记载】构树原名楮,亦名榖,《名医别录》记载:"主阴痿、水肿,益气,充肌肤,明目。"楮实子,始载于《素问病机气宜保命集》:"楮实子丸,治水气,洁净府。"

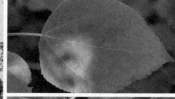

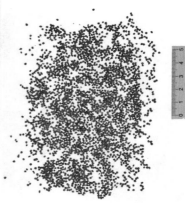

1. 构树 2. 叶 3. 果实 4. 楮实子(药材)

图5 构树

| 1 | 2 | 4 |
| | 3 | |

桑科 *Moraceae* —— 桑属 *Morus*

桑

Morus alba L.

【植物形态】乔木或为灌木,高3～10 m。**叶**:卵形或广卵形,鲜绿色,无毛。**花**:单性,腋生或生于芽鳞腋内;雄花序下垂,密被白色柔毛;雌花序长1～2 cm。**果**:聚花果卵状椭圆形,成熟时红色或暗紫色。花期4—5月,果期5—8月。

【药材名】桑叶(药用部位:叶);桑白皮(药用部位:根皮);桑枝(药用部位:嫩枝);桑椹(药用部位:果穗)。

【性味归经】桑叶:甘、苦,寒,归肺、肝经;桑白皮:甘,寒,归肺经;桑枝:微苦,平,归肝经;桑椹:甘、酸,寒,归心、肝、肾经。

【功用】桑叶:疏散风热,清肺润燥,清肝明目。用于风热感冒、肺热燥咳、头晕头痛、目赤昏花。桑白皮:泻肺平喘,利水消肿。用于肺热喘咳,水肿、胀满、尿少、面目、肌肤浮肿。桑枝:祛风湿,利关节。用于风湿痹病,肩臂、关节酸痛麻木。桑椹:滋阴补血,生津润燥。用于肝肾阴虚、眩晕耳鸣、心悸失眠、须发早白、津伤口渴、内热消渴、肠燥便秘。

【使用注意】寒饮束肺、肺虚无火力、便多及风寒咳嗽者禁用。

【文献记载】桑椹,《滇南本草》言:"益肾脏而固精,久服黑发明目。"桑叶又称神仙叶,《神农本草经》记载:"气味苦甘,寒,有小毒,主寒热出汗。"

1.桑　2.茎　3.叶　4.桑叶(药材)　5.桑椹　6.桑白皮(药材)　7.桑枝(药材)

1	2	4	6
	3	5	7

图6　桑

大麻科 Cannabaceae —— 大麻属 Cannabis

大麻

Cannabis sativa L.

【植物形态】一年生直立草本,高1～3 m。**叶:**掌状全裂,裂片披针形或线状披针形,表面深绿,边缘具向内弯的粗锯齿;托叶线形。**花:**黄绿色,雄蕊5,花丝极短,花药长圆形;雌花绿色,子房近球形,外面包于苞片。**果:**瘦果为宿存黄褐色苞片所包,果皮坚脆,具细网纹。**种子:**扁平,胚乳肉质,胚弯曲,子叶厚肉质。花期5—6月,果期7月。

【药材名】火麻仁(药用部位:果)。

【性味归经】甘,平,归脾、胃、大肠经。

【功用】润肠通便。用于血虚津亏、肠燥便秘。

【使用注意】便溏、阳痿、遗精、带下者慎用。

【文献记载】火麻仁,始载于《神农本草经》:"味甘,平,主补中益气,肥健不老神仙,生川谷。"明代《本草纲目》:"大麻即今火麻,亦曰黄麻。处处种之,剥麻收子……大科如油麻。叶狭而长,壮如益母草叶,一枝七叶或九叶。五、六月开细黄花成穗,随即结实,大如胡荽子,可取油。"

1. 大麻　2. 茎　3. 叶

| 1 | 2 | 3 |

图7　大麻

蓼科 Polygonaceae —— 萹蓄属 Polygonum

红蓼

Polygonum orientale L.

【植物形态】一年生草本,高1～2 m。茎:直立,粗壮,上部多分枝,密被开展的长柔毛。叶:宽卵形、宽椭圆形或卵状披针形,边缘全缘,密生缘毛;托叶鞘筒状,通常沿顶端具草质、绿色的翅。花:总状花序呈穗状,顶生或腋生,花紧密,微下垂,通常数个再组成圆锥状;花被淡红色或白色,花被片椭圆形。果:瘦果近圆形,双凹,黑褐色,有光泽。花期6—9月,果期8—10月。

【药材名】水红花子(药用部位:果)。

【性味归经】咸,微寒,归肝、胃经。

【功用】散血消癥,消积止痛,利水消肿。用于癥瘕痞块、瘿瘤、食积不消、胃脘胀痛、水肿腹水。

【使用注意】凡血分无瘀滞及脾胃虚寒者慎服。

【文献记载】水红花子,原名荭草,始载于《名医别录》:"主消渴,去热,明目,益气。名未用草部中有天蓼,云一名石龙,生水中,陈藏器解云:天蓼即水荭。"《本草纲目》:"此蓼甚大,而花亦繁红,故曰荭,曰鸿,鸿亦大也。"

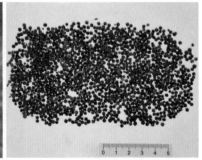

1.红蓼　2.茎　3、4.叶　5.花　6.水红花子(药材)

图8　红蓼

1	2	3 4	5	6

石竹科 Caryophyllaceae —— **麦蓝菜属** *Vaccaria*

麦蓝菜
Vaccaria hispanica (Miller) Rauschert

【植物形态】一年生或二年生草本，高30～70 cm。**根：**为主根系。**茎：**单生，直立，上部分枝。**叶：**卵状披针形或披针形，基部圆形或近心形，微抱茎，顶端急尖。**花：**伞房状聚伞花序，稀疏；苞片披针形，着生花梗中上部；花萼卵状圆锥形；花瓣淡红色，爪狭楔形，瓣片窄倒卵形，微凹缺。**果：**蒴果宽卵形或近圆球形。**种子：**近圆球形，红褐色至黑色。花期5—7月，果期6—8月。

【药材名】王不留行（药用部位：种子）。

【性味归经】苦，平，归肝、胃经。

【功用】活血通经，下乳消肿，利尿通淋。用于经闭、痛经、乳汁不下、乳痈肿痛、淋证涩痛。

【使用注意】孕妇慎用。

【文献记载】王不留行，始载于《神农本草经》："王不留行，味苦，平。主金疮，止血逐痛，出刺，除风痹内寒。"

1. 麦蓝菜　2. 根　3. 叶　4. 花　5. 王不留行（药材）

图9　麦蓝菜

1	2	4
	3	5

苋科 Amaranthaceae —— 藜属 Chenopodium

小藜

Chenopodium ficifolium Smith

【植物形态】一年生草本，高20～50 cm。**茎**：茎直立，具条棱及绿色色条。**叶**：卵状矩圆形；通常三浅裂。**花**：花两性，顶生圆锥状花序；花被近球形，裂片宽卵形，背面具微纵隆脊并有密粉；雄蕊开花时外伸；柱头丝形。**果**：胞果包在花被内，果皮与种子贴生。**种子**：双凸镜状，黑色，有光泽，边缘微钝，表面具六角形细洼；胚环形。花期4—5月。

【药材名】灰藋（药用部位：全草）；灰藋子（药用部位：种子）。

【性味归经】灰藋：苦、甘，凉，归肺、大肠经；灰藋子：甘，平，归大肠经。

【功用】灰藋：疏风清热，解毒去湿，杀虫。用于风热感冒、腹泻、痢疾、荨麻疹、疮疡肿毒、疥癣、湿疮、白癜风、虫咬伤。灰藋子：杀虫。用于驱杀蛔虫、蛲虫。

【使用注意】灰藋：有胃病者慎服。

【文献记载】灰藋，始载于南北朝《雷公炮炙论》。明代《本草纲目》："此菜茎叶上有细灰如沙，而枝叶翘趬，故名。" 小藜，载于明代《救荒本草》："水落藜，生水边，所在处处有之。茎高尺余，茎色微红，叶似野灰菜叶，而瘦小。"

1.小藜　2.茎　3.叶　4.花

图10　小藜

	2	4
1	3	

毛茛科 Ranunculaceae ── **银莲花属** *Anemone*

大火草

Anemone tomentosa (Maxim.) Pei

【植物形态】高40～150 cm。**茎：**根状茎粗0.5～1.8 cm。**叶：**基生叶，有长柄，为三出复叶；小叶卵形或三角状卵形，基部浅心形、心形或圆形，边缘有不规则小裂片和锯齿，背面密被白色绒毛。**花：**花葶密被白色或淡黄色短绒毛，聚伞花序；苞片似基生叶；萼片淡粉红色或白色，倒卵形、宽倒卵形或宽椭圆形。**果：**聚合果球形，有细柄，密被绵毛。花期7—10月。

【药材名】大火草根（药用部位：根）。

【性味归经】苦，温，有小毒，归肺、大肠经。

【功用】化痰，散瘀，消化积食，截疟，解毒，杀虫。用于劳伤咳喘、跌打损伤、小儿疳积、疟疾、疮疖痈肿、顽癣。

【使用注意】孕妇慎服。

【文献记载】大火草根，载于《重庆草药》："化痰，止咳，除毒。治痰饮咳嗽，气喘，痒子。"《陕甘宁青中草药选》："味苦，性寒，有小毒。杀虫，止痢。"

1. 大火草　2. 叶　3、4. 花

图11　大火草

毛茛科 Ranunculaceae —— 耧斗菜属 *Aquilegia*

耧斗菜
Aquilegia viridiflora Pall.

【植物形态】高 15～50 cm。**根**：肥大，圆柱形，简单或有少数分枝，外皮黑褐色。**茎**：常在上部分枝，除被柔毛外还密被腺毛。**叶**：基生叶少数，二回三出复叶；楔状倒卵形，表面绿色，背面淡绿色至粉绿色；茎生叶较小。**花**：倾斜或微下垂；苞片三全裂；萼片黄绿色，长椭圆状卵形；花瓣瓣片与萼片同色，直立，倒卵形；雄蕊花药长椭圆形，黄色；心皮密被伸展的腺状柔毛。**果**：蓇葖长 1.5 cm。**种子**：黑色，狭倒卵形，具微凸起的纵棱。花期 5—7 月，果期 7—8 月。

【药材名】耧斗菜（药用部位：根及全草）。

【性味归经】微苦、辛、甘、平，归心、肝、脾经。

【功用】活血调经，凉血止血，清热解毒。用于痛经、崩漏、痢疾。

【文献记载】耧斗菜，始载于明代《救荒本草》："耧斗菜生辉县太行山山野中。小科苗就地丛生，苗高一尺许，茎梗细弱，叶似牡丹叶而小，其头颇团，味甜。"清代《晶珠本草》："益毛代金下死胎，止刺痛。"

1. 耧斗菜　2. 根　3. 茎　4. 叶　5. 种子

图12　耧斗菜

	2	4
1	3	5

毛茛科 Ranunculaceae —— 唐松草属 Thalictrum

展枝唐松草
Thalictrum squarrosum Steph. et Willd.

【植物形态】多年生草本。**茎：**根状茎细长，自节生出长须根。茎有细纵槽，通常自中部近二歧状分枝。**叶：**茎下部及中部叶有短柄，为二至三回羽状复叶，小叶坚纸质或薄革质，顶生小叶楔状倒卵形、宽倒卵形、长圆形或圆卵形。**花：**圆锥花序伞房状，近二歧状分枝；淡黄绿色，脱落，花丝丝状，花药长圆形，具小尖头。**果：**瘦果狭倒卵球形或近纺锤形，稍斜。花期7—8月。

【药材名】展枝唐松草（药用部位：全草）；猫爪子（药用部位：根及根茎）。

【性味归经】展枝唐松草：苦，平，归肺、胃经；猫爪子：苦，平，有毒，归肝、大肠经。

【功用】展枝唐松草：清热解毒，健脾和胃，发汗解表。用于脾胃不和、饮食不佳、胃酸胃痛、腹部胀满、大便溏泄、头痛头晕、咽喉肿痛。猫爪子：清热解毒，制酸。用于急性结膜炎、传染性肝炎、痢疾、胃病吐酸。

【文献记载】猫爪子，载于《沙漠地区药用植物》："清热解毒，健胃，制酸，发汗。"

1. 展枝唐松草　2. 茎、叶　3. 花

| 1 | 2 | 3 |

图13　展枝唐松草

防己科 *Menispermaceae* —— 蝙蝠葛属 *Menispermum*

蝙蝠葛
Menispermum dauricum DC.

【植物形态】草质、落叶藤本。**茎**：根状茎褐色，垂直生。茎自位于近顶部的侧芽生出，一年生茎纤细，有条纹，无毛。**叶**：心状扁圆形，稀近全缘，基部心形或近平截，下面被白粉。**花**：圆锥花序单生或有时双生，花密集成稍疏散，花梗纤细；萼片绿黄色，倒披针形至倒卵状椭圆形；花瓣肉质，凹成兜状，有短爪。**果**：核果紫黑色。花期6—7月，果期8—9月。

【药材名】北豆根（药用部位：根）。

【性味归经】苦，寒，有小毒，归肺、胃、大肠经。

【功用】清热解毒，祛风止痛。用于咽喉肿痛、热毒泻痢、风湿痹痛。

【使用注意】脾虚便溏者禁服。

【文献记载】蝙蝠葛的地上部分蝙蝠藤，始载于清代《本草纲目拾遗》："此藤附生岩壁、乔木及人墙茨侧，叶类蒲萄而小，多歧，劲厚青滑，绝似蝙蝠形，故名。"北豆根，又名蝙蝠葛根，始载于民国时期《中国药用植物志》："其性味苦寒，有小毒，具有清热解毒、祛风止痛、理气化湿之功效。"

1.蝙蝠葛　2、3.叶　4.北豆根（药材）

图14　蝙蝠葛

1	2	4
	3	

马兜铃科 *Aristolochiaceae* —— 马兜铃属 *Aristolochia*

北马兜铃
Aristolochia contorta Bunge

【植物形态】草质藤本，长达2 m以上。**茎**：无毛，干后有纵槽纹。**叶**：叶纸质，卵状心形或三角状心形，两侧裂片圆形，边全缘。**花**：总状花序；小苞片卵形；花被基部膨大呈球形，绿色；檐部一侧极短，有时边缘下翻或稍二裂，另一侧渐扩大成舌片；舌片卵状披针形，黄绿色；花药长圆形；子房圆柱形。**果**：蒴果倒卵形或椭圆状倒卵形，顶端圆形微凹，平滑无毛，成熟时黄绿色。**种子**：三角状心形，灰褐色，扁平，具浅褐色膜质翅。花期5—7月，果期8—10月。

【药材名】马兜铃（药用部位：果）。

【性味归经】苦、微辛，寒，归肺、大肠经。

【功用】清肺降气，止咳平喘，清肠消痔。用于肺热喘咳、痰中带血、肠热痔血、痔疮肿痛。

【使用注意】虚寒喘咳、脾虚便泄者禁服，胃弱者慎服。

【文献记载】马兜铃，始载于南北朝《雷公炮炙论》："凡使，采得后，去叶并蔓了……去隔膜并令净用。子，勿令去革膜不尽，用之并皮。"

1、2.北马兜铃　3、4.花

| 1 | 2 | 3 | 4 |

图15　北马兜铃

十字花科 Brassicaceae —— 糖芥属 *Erysimum*

糖芥
Erysimum amurense Kitagawa

【植物形态】一年生或二年生草本,高30～60 cm。**茎:**直立,不分枝或上部分枝,具棱角。**叶:**披针形或长圆状线形,基生叶顶端急尖,基部渐狭,全缘;上部叶有短柄或无柄,基部近抱茎,边缘有波状齿或近全缘。**花:**总状花序顶生;萼片长圆形,边缘白色膜质;花瓣橘黄色,基部具长爪。**果:**长角果线形,稍呈四棱形。**种子:**长圆形,侧扁,深红褐色。花期6—8月,果期7—9月。

【药材名】糖芥(药用部位:种子及全草)。

【性味归经】苦、辛,寒,归脾、胃、心经。

【功用】健脾和胃,利尿强心。用于脾胃不和、食积不化及心力衰竭之浮肿。

【文献记载】糖芥,载于《东北药用植物志》:"有强心作用。"《内蒙古中草药》:"功能主治同桂竹糖芥。"《西藏常用中草药》:"清血热,镇咳,强心。治虚痨发热,肺结核咳嗽,久病心力不足,能解肉毒。"

1.糖芥 2.茎 3.叶 4.花

图16 糖芥

	2	4
1	3	

虎耳草科 Saxifragaceae —— 独根草属 Oresitrophe

独根草

Oresitrophe rupifraga Bunge

【植物形态】多年生草本，高12～28 cm。**茎**：根状茎粗壮，具芽，芽鳞棕褐色。**叶**：叶均基生；叶片心形至卵形，先端短渐尖，边缘具不规则齿牙，基部心形。**花**：花葶不分枝，密被腺毛；多歧聚伞花序；多花；无苞片；萼片卵形至狭卵形，全缘，具多脉，无毛。花果期5—9月。

【药材名】独根草（药用部位：全草）。

【性味归经】甘，温，入肾经。

【功用】补肾，强筋。用于肾虚、腰膝冷痛、阳痿遗精、神经症。

【使用注意】阴虚火旺、胃弱、腹泻便溏者忌用。

1. 独根草　2、3. 叶

图17　独根草

1 | 2 | 3

蔷薇科 Rosaceae —— 龙牙草属 Agrimonia

龙芽草
Agrimonia pilosa Ldb.

【植物形态】多年生草本,高30～120 cm。**根:**多呈块茎状,周围长出若干侧根,短。**茎:**被疏柔毛及短柔毛,稀下部被稀疏长硬毛。**叶:**间断奇数羽状复叶;小叶片呈倒卵形,边缘有急尖到圆钝锯齿;托叶草质,稀卵形,常全缘。**花:**花序穗状总状顶生;苞片通常深3裂,小苞片对生,卵形;萼片三角卵形;花瓣黄色,长圆形。**果:**倒卵圆锥形,外面有10条肋,顶端有数层钩刺。花果期5—12月。

【药材名】仙鹤草(药用部位:地上部分)。

【性味归经】苦、涩,平,归心、肝经。

【功用】收敛止血,截疟,止痢,解毒,补虚。用于咯血、吐血、崩漏下血、疟疾、血痢、痈肿疮毒、阴痒带下、脱力劳伤。

【使用注意】外感初起、泄泻发热者忌用。

【文献记载】仙鹤草,原名龙牙草,始载于宋代《本草图经》:"龙牙草生施州,株高二尺以来,春夏有苗叶,至秋冬而枯,其根味辛、涩,温,无毒,春夏采之。"

1.龙芽草　2.叶　3.花　4.仙鹤草(药材)

| 1 | 2 | 3 | 4 |

图18　龙芽草

蔷薇科 Rosaceae —— 枸子属 Cotoneaster

灰枸子

Cotoneaster acutifolius Turcz.

【植物形态】落叶灌木,高2～4 m。**茎**:枝条开张,小枝细瘦,圆柱形,棕褐色或红褐色,幼时被长柔毛。**叶**:叶片椭圆卵形至长圆卵形,先端急尖,稀渐尖,基部宽楔形,全缘;叶柄具短柔毛;托叶线状披针形,脱落。**花**:聚伞花序;总花梗和花梗被长柔毛;苞片线状披针形,微具柔毛;萼筒钟状或短筒状,外面被短柔毛,内面无毛;萼片三角形;花瓣宽倒卵形或长圆形,白色外带红晕。**果**:椭圆形稀倒卵形,黑色。花期5—6月,果期9—10月。

【药材名】灰枸子(药用部位:叶及果)。

【性味归经】苦、涩,凉,归肝经。

【功用】凉血止血,解毒敛疮。用于鼻衄、牙龈出血、月经过多、烧烫伤。

【文献记载】灰枸子,载于《西藏常用中草药》:"性平,味苦、涩。凉血,止血。主治鼻衄,牙龈出血,月经过多。"《山西中草药》:"微苦,凉。解火毒,治烫伤。"

1. 灰枸子　2.叶

| 1 | 2 |

图19　灰枸子

蔷薇科 Rosaceae —— **委陵菜属** Potentilla

多茎委陵菜
Potentilla multicaulis Bge.

【植物形态】多年生草本，长 7～35 cm。**根**：粗壮，圆柱形。**茎**：花茎多而密集丛生，常带暗红色，被白色长柔毛或短柔毛。**叶**：基生叶为羽状复叶，小叶片对生稀互生，无柄，椭圆形至倒卵形，上部小叶远比下部小叶大，边缘羽状深裂；基生叶托叶膜质，棕褐色。**花**：聚伞花序多花；萼片三角卵形，副萼片狭披针形，顶端圆钝；副萼片狭披针形；花瓣黄色，倒卵形或近圆形，顶端微凹；花柱近顶生，基部膨大。**果**：瘦果卵球形有皱纹。花果期4—9月。

【药材名】多茎委陵菜（药用部位：全草）。

【性味归经】甘、微苦，寒，归肾、心、肝、大肠经。

【功用】生津止渴，止血，杀虫，祛湿热。用于糖尿病、肝炎、蛲虫病、功能性子宫出血、外伤出血等。

1. 多茎委陵菜　2.、3. 叶　4. 花

图20　多茎委陵菜

| | 2 | 4 |
|1| 3 | |

蔷薇科 Rosaceae —— **委陵菜属** *Potentilla*

菊叶委陵菜
Potentilla tanacetifolia Willd. ex Schlecht.

【植物形态】多年生草本,高15～65 cm。**根**:粗壮,圆柱形。**茎**:花茎直立或上升,被长柔毛、短柔毛或卷曲柔毛,有时脱落。**叶**:基生叶羽状复叶;小叶互生或对生,长圆形、长圆披针形或长圆倒卵披针形,边缘有缺刻状锯齿;基生叶托叶膜质,褐色;茎生叶绿色,边缘深撕裂状。**花**:伞房状聚伞花序,多花;萼片三角卵形,副萼片披针形或椭圆披针形,外被短柔毛和腺毛;花瓣黄色,倒卵形,顶端微凹;花柱近顶生,圆锥形,柱头稍扩大。**果**:瘦果卵球形,具脉纹。花果期5—10月。

【药材名】菊叶委陵菜(药用部位:全草)。

【性味归经】苦,平,归肝、脾、胃、大肠经。

【功用】清热解毒,消炎止血。用于高热烦扰、口燥咽干、便秘尿黄、胃肠道出血、溃疡和水泻等。

【使用注意】慢性腹泻,伴体虚者慎用。

1、菊叶委陵菜　2. 根　3. 茎　4、5. 叶　6. 花

图21　菊叶委陵菜

	2	3	
1	4	5	6

蔷薇科 Rosaceae ── 委陵菜属 *Potentilla*

轮叶委陵菜

Potentilla verticillaris Steph. ex Willd.

【植物形态】多年生草本，高5～16 cm。**根**：长圆柱形。**茎**：花茎丛生，直立，被白色绒毛及长柔毛。**叶**：基生叶，小叶片羽状深裂或掌状深裂几达叶轴形成假轮生状，基部楔形，叶边反卷；茎生叶裂片带形；基生叶托叶膜质，褐色；茎生叶托叶卵状披针形，全缘，下面密被白色绒毛。**花**：聚伞花序疏散，少花；花瓣黄色，宽倒卵形，顶端微凹；花柱近顶生，基部膨大，柱头扩大。**果**：瘦果光滑。花果期5—8月。

【药材名】轮叶委陵菜（药用部位：全草）。

【性味归经】苦，寒，归肝、大肠经。

【功用】清热解毒，凉血止痢。用于赤痢腹痛、久痢不止、痔疮出血、痈肿疮毒。

【使用注意】慢性腹泻，伴体虚者慎用。

1.轮叶委陵菜　2.根　3.茎　4.叶　5.花

图22　轮叶委陵菜

| 1 | 2 | 3 | 5 |
| | | 4 | |

蔷薇科 Rosaceae ── 梨属 *Pyrus*

褐梨

Pyrus phaeocarpa Rehd.

【植物形态】乔木,高5～8 m。**茎**:小枝幼时具白色绒毛,二年生枝条紫褐色,无毛。**叶**:椭圆卵形至长卵形,基部宽楔形,边缘有尖锐锯齿;托叶膜质,线状披针形,边缘有稀疏腺齿,内面有稀疏绒毛,早落。**花**:伞形总状花序,总花梗和花梗嫩时具绒毛,逐渐脱落;苞片线状披针形,早落;萼片三角披针形,内面密被绒毛;花瓣卵形,白色;花柱基部无毛。**果**:果实球形或卵形,褐色,有斑点。花期4月,果期8—9月。

【药材名】褐梨(药用部位:果)。

【性味归经】甘、微酸,凉,归肺、胃经。

【功用】生津润燥,清热化痰,养血生肌,解酒解毒。用于消食止痢、腹泻、霍乱、吐泻不止、转筋腰痛、反胃吐食、皮肤溃疡。

【使用注意】慢性肠炎、胃寒、糖尿病患者忌用。

1. 褐梨　2. 茎　3. 叶　4. 果

图23　褐梨

1	2
3	4

蔷薇科 Rosaceae —— 绣线菊属 Spiraea

土庄绣线菊

Spiraea pubescens Turcz.

【植物形态】灌木,高1～2 m。**茎:**小枝开展,嫩时被短柔毛,褐黄色,老时无毛,灰褐色。**叶:**叶片菱状卵形至椭圆形,先端急尖,基部宽楔形,边缘自中部以上有深刻锯齿,上面有稀疏柔毛,下面被灰色短柔毛。**花:**伞形花序具总梗;苞片线形,被短柔毛;萼片卵状三角形,先端急尖,内面疏生短柔毛;花瓣卵形、宽倒卵形或近圆形,先端圆钝或微凹,白色;花盘圆环形,裂片先端稍凹陷。**果:**蓇葖果开张,仅在腹缝微被短柔毛。花期5—6月,果期7—8月。

【药材名】土庄绣线菊(药用部位:叶)。

【性味归经】苦,凉,归肝、肺、大肠经。

【功用】调气止痛,散瘀利湿。用于咽喉肿痛、跌打损伤。

【文献记载】土庄绣线菊,载于《长白山植物药志》:"有利尿作用,可治疗水肿。"

1. 土庄绣线菊 2. 茎、叶 3. 花

图24 土庄绣线菊

豆科 Fabaceae —— 合欢属 *Albizia*

合欢

Albizia julibrissin Durazz.

【植物形态】落叶乔木，高可达16 m。**茎**：小枝有棱角，嫩枝、花序和叶轴被绒毛或短柔毛。**叶**：托叶线状披针形，早落；二回羽状复叶；小叶线形至长圆形。**花**：头状花序于枝顶排成圆锥花序；花粉红色；花萼管状，裂片三角形。**果**：荚果带状，嫩荚有柔毛，老荚无毛。花期6—7月，果期8—10月。

【药材名】合欢皮（药用部位：树皮）；合欢花（药用部位：花序或花蕾）。

【性味归经】合欢皮：甘，平，归心、肝、肺经；合欢花：甘，平，归心、肝经。

【功用】合欢皮：解郁安神，活血消肿。用于心神不安、忧郁失眠、肺痈、疮肿、跌扑伤痛。合欢花：解郁安神。用于心神不安、忧郁失眠。

【使用注意】合欢皮：风热自汗、外感不眠者禁服，孕妇慎用；合欢花：阴虚津伤、脾胃虚寒者，孕妇慎用。

【文献记载】合欢，始载于《神农本草经》："合欢中品。性甘平。主安五脏，和心志，令人欢乐无忧。"唐代《新修本草》："此树生叶似皂荚、槐等，极细，五月花发，红白色，所在山涧中有之。"

1. 合欢　2. 茎、叶　3. 花　4. 果　5. 合欢皮（药材）　6. 合欢花（药材）

1	2	3	5
		4	6

图25　合欢

豆科 *Fabaceae* —— **锦鸡儿属** *Caragana*

红花锦鸡儿

Caragana rosea Turcz. ex Maxim.

【植物形态】灌木,高0.4～1 m。**茎**:小枝细长,具条棱。**叶**:托叶在长枝者成细针刺;叶假掌状;小叶楔状倒卵形,基部楔形,近革质,上面深绿色,下面淡绿色,无毛,有时小叶边缘、小叶柄、小叶下面沿脉被疏柔毛。**花**:花梗单生,无毛;花萼管状,不扩大或仅下部稍扩大,常紫红色,萼齿三角形,渐尖,内侧密被短柔毛;花冠黄色,常紫红色或全部淡红色,凋时变为红色,旗瓣长圆状倒卵形;子房无毛。**果**:荚果圆筒形。花期4—6月,果期6—7月。

【药材名】红花锦鸡儿(药用部位:根)。

【性味归经】甘、微辛,平,归肝、脾经。

【功用】健脾益肾,通经利尿。用于虚损劳热、咳喘、淋浊、阳痿、妇女血崩、白带异常、乳少、子宫脱垂。

【文献记载】红花锦鸡儿,载于《高原中草药治疗手册》:"红花锦鸡儿又名:甘肃锦鸡儿。"

1. 红花锦鸡儿　2、3. 茎、叶　4. 花

1 | 2 | 3 | 4

图26　红花锦鸡儿

豆科 Fabaceae —— 皂荚属 Gleditsia

皂荚

Gleditsia sinensis Lam.

【植物形态】落叶乔木或小乔木，高达30 m。**茎**：灰色至深褐色，刺粗壮，圆柱形，常分枝，多呈圆锥状。**叶**：一回羽状复叶纸质，卵状披针形至长圆形，先端急尖或渐尖，顶端圆钝，具小尖头，基部圆形或楔形，边缘具细锯齿。**花**：杂性，黄白色，组成总状花序，花序腋生或顶生。**果**：荚果带状，劲直或扭曲，果肉稍厚，两面鼓起。**种子**：多颗，长圆形或椭圆形，棕色，光亮。花期3—5月，果期5—12月。

【药材名】大皂角（药用部位：果）。

【性味归经】辛、咸，温，有小毒，归肺、大肠经。

【功用】祛痰开窍，散结消肿。用于中风口噤、昏迷不醒、癫痫痰盛、关窍不通、喉痹痰阻、顽痰喘咳、咳痰不爽、大便燥结，外治痈肿。

【使用注意】孕妇及咯血、吐血患者忌服。

【文献记载】皂荚，始载于《神农本草经》："皂荚，味辛温，生川谷。"《名医别录》："疗腹胀满，消谷，除咳嗽囊结，妇人胞不落，明目益精。"

1. 皂荚　2. 叶　3. 果　4. 大皂角（药材）

图27　皂荚

豆科 *Fabaceae* ── 甘草属 *Glycyrrhiza*

甘草

Glycyrrhiza uralensis Fisch.

【植物形态】多年生草本，高25～120 mm。**根**：粗壮，外皮褐色，里面淡黄色，具甜味。**茎**：茎直立，多分枝，密被鳞片状腺点、刺毛状腺体及白色或褐色的绒毛。**叶**：托叶三角状披针形，两面密被白色短柔毛；小叶顶端钝，具短尖，边缘全缘或微呈波状。**花**：总状花序腋生，具多数花，总花梗短于叶，密生褐色的鳞片状腺点和短柔毛。**果**：荚果弯曲呈镰刀状或呈环状，密集成球，密生瘤状突起和刺毛状腺体。**种子**：暗绿色，圆形或肾形。花期6—8月，果期7—10月。

【药材名】甘草（药用部位：根及根茎）。

【性味归经】甘，平，归心、肺、脾、胃经。

【功用】补脾益气，清热解毒，祛痰止咳，缓急止痛，调和诸药。用于脾胃虚弱、倦怠乏力、心悸气短、咳嗽痰多、脘腹、四肢挛急疼痛、痈肿疮毒、缓解药物毒性、烈性。

【使用注意】不宜与海藻、京大戟、红大戟、甘遂、芫花同用。

【文献记载】甘草，载于《神农本草经》："甘草，味甘平。主五脏六腑寒热邪气，坚筋骨，长肌肉，倍力，金疮肿，解毒。"《本草纲目》："甘平，无毒。通人手足十二经。解小儿胎毒，惊痫，降火止痛。"

1. 甘草　2. 根　3. 茎　4. 叶　5. 花　6. 甘草（药材）

图28　甘草

豆科 Fabaceae —— 苦参属 Sophora

苦参

Sophora flavescens Alt.

【植物形态】草本或亚灌木,稀呈灌木状,高1～2 m。**茎:**具纹棱,幼时疏被柔毛,后无毛。**叶:**羽状复叶;托叶披针状线形,渐尖;小叶互生或近对生,先端钝或急尖,下面疏被灰白色短柔毛或近无毛。**花:**总状花序顶生;花多数,疏或稍密;花梗纤细;花萼钟状,明显歪斜,具不明显波状齿;花冠白色或淡黄白色。**果:**荚果线形或钝四棱形,革质,长5～10 cm。**种子:**1～5粒,长卵形,稍压扁,深红褐色或紫褐色。花期6—8月,果期7—10月。

【药材名】苦参(药用部位:根)。

【性味归经】苦,寒,归心、肝、胃、大肠、膀胱经。

【功用】清热燥湿,杀虫,利尿。用于热痢、便血、黄疸尿闭、赤白带下、阴肿阴痒、湿疹、湿疮、皮肤瘙痒、疥癣麻风,外治滴虫性阴道炎。

【使用注意】不宜与藜芦同用。

【文献记载】苦参,载于《神农本草经》:"主心腹气结,癥瘕积聚,黄疸,溺有余沥,逐水,除痈肿,补中,名目止泪。"宋代《本草图经》:"其根黄色,长五七寸许,两指粗细。三五茎并生,苗高三二尺。"

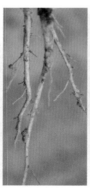

1. 苦参　2. 根　3. 叶　4. 果　5、6. 苦参(药材)

图29　苦参

| 1 | 2 | 3 | 4 | 5 |
| | | | | 6 |

豆科 Fabaceae —— 野豌豆属 Vicia

山野豌豆
Vicia amoena Fisch. ex DC.

【植物形态】多年生草本,高30～100 cm。**根**:主根粗壮,须根发达。**茎**:具棱,多分枝,细软,斜升或攀援。**叶**:偶数羽状复叶,几无柄,托叶半箭头形;小叶互生或近对生,椭圆形至卵披针形。**花**:总状花序;花冠红紫色、蓝紫色或蓝色,花期颜色多变;花萼斜钟状,萼齿近三角形。**果**:荚果长圆形,两端渐尖,无毛。**种子**:圆形;种皮革质,深褐色,具花斑;种脐内凹,黄褐色。花期4—6月,果期7—10月。

【药材名】山野豌豆(药用部位:叶)。

【性味归经】甘,平,归肝、膀胱经。

【功用】祛风除湿,活血止痛。用于风湿疼痛、筋脉拘挛、阴囊湿疹、跌打损伤、无名肿毒、鼻衄、崩漏。

【文献记载】山野豌豆,载于《东北药用植物志》:"疗热毒,软坚。外用洗风湿、风气疼痛、毒疮。"《吉林中草药》:"活血止痛,败毒燥湿。"

1.山野豌豆 2.根 3.叶 4.花

| 1 | 2 | 3 | 4 |

图30 山野豌豆

豆科 Fabaceae —— 野豌豆属 *Vicia*

歪头菜
Vicia unijuga A. Br.

【植物形态】多年生草本,高15～180 cm。**茎:** 根茎粗壮近木质,须根发达,表皮黑褐色。通常数茎丛生,具棱,疏被柔毛,老时渐脱落,茎基部表皮红褐色或紫褐红色。**叶:** 叶轴末端为细刺尖头,偶见卷须,托叶戟形或近披针形;小叶一对,卵状披针形或近菱形,两面均疏被微柔毛。**花:** 总状花序单一稀有分支呈圆锥状复总状花序;花萼紫色,斜钟状或钟状,无毛或近无毛;花冠蓝紫色、紫红色或淡蓝色。**果:** 荚果扁、长圆形,无毛,表皮棕黄色,近革质,两端渐尖,先端具喙,成熟时腹背开裂,果瓣扭曲。**种子:** 扁圆球形,种皮黑褐色,革质。花期6—7月,果期8—9月。

【药材名】歪头菜(药用部位:全草)。

【性味归经】甘,平,归胃、脾、大肠、肺、心经。

【功用】补虚调肝,利尿解毒。用于虚劳、头晕、胃痛、浮肿、疔疮。

【使用注意】大便清泄者慎用。

【文献记载】歪头菜,载于明代《救荒本草》:"歪头菜生新郑县山野中,细茎,就地丛生,叶似豇豆叶而狭长,背微白,两叶并生一处,开红紫花,结角比豌豆角短小而扁瘦,叶味甜。"《长白山药物志》:"补虚调肝,理气止痛,主治胃痛,体虚浮肿。"

1. 歪头菜 2. 根 3. 茎 4. 叶 5. 花 6. 果

图31 歪头菜

1	2	3	5
		4	6

豆科 Fabaceae —— 槐属 *Styphnolobium*

槐

Styphnolobium japonicum (L.) Schott

【植物形态】乔木,高达25 m。**叶**:羽状复叶;叶柄基部膨大;小叶4～7对,对生或近互生。**花**:圆锥花序顶生;花冠白色或淡黄色,旗瓣近圆形。**果**:荚果串珠状。**种子**:卵球形,淡黄绿色,干后黑褐色。花期7—8月,果期8—10月。

【药材名】槐花(药用部位:花及花蕾);槐角(药用部位:果实)。

【性味归经】槐花:苦,微寒,归肝、大肠经;槐角:苦,寒,归肝、大肠经。

【功用】槐花:凉血止血,清肝泻火。用于便血、痔血、血痢、崩漏、吐血、衄血、肝热目赤、头痛眩晕。槐角:清热泻火,凉血止血。用于肠热便血、痔肿出血、肝热头痛、眩晕目赤。

【使用注意】槐花:脾胃虚寒及阴虚发热而无实火、糖尿病、过敏性体质者忌用;槐角:孕妇或低血压,以及胃寒者忌用。

【文献记载】槐角,《神农本草经》中记载:"味苦寒。主治五内邪气热。止涎唾,补绝伤,五痔,火疮,妇人乳瘕,子脏急痛。"槐花,记载于《日华子本草》:"味苦平,无毒。治五痔、心痛、眼赤,杀腹藏虫及热,治皮肤风,并肠风泻血、赤白痢,并炒研服。"

   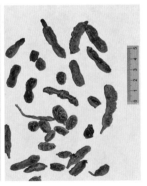

1.槐 2.花 3.槐花(药材) 4.槐角(药材)

图32 槐

牻牛儿苗科 *Geraniaceae* —— 老鹳草属 *Geranium*

鼠掌老鹳草

Geranium sibiricum L.

【植物形态】一年生或多年生草本,高 30～70 cm。**根**:直根,有时具不多的分枝。**茎**:纤细,仰卧或近直立,多分枝,具棱槽,被倒向疏柔毛。**叶**:对生;托叶披针形或卵形,棕褐色,先端渐尖,基部抱茎,外被倒向长柔毛。**花**:总花梗丝状,单生于叶腋;苞片对生,棕褐色;花瓣倒卵形,淡紫色或白色;花丝扩大成披针形,具缘毛;花柱不明显。**果**:蒴果被疏柔毛。**种子**:肾状椭圆形,黑色。花期 6—7 月,果期 8—9 月。

【药材名】老鹳草(药用部位:地上部分)。

【性味归经】苦、辛,平,归肝、肾、脾经。

【功用】祛风湿,通经络,止泻痢。用于风湿痹痛、麻木拘挛、筋骨酸痛、泄泻痢疾。

【使用注意】脾胃虚寒者忌用。

【文献记载】老鹳草,始载于明代《救荒本草》:"又名斗牛儿苗,生田野就地拖秧而生,茎蔓细弱,其茎红紫色,叶似芫荽叶,瘦细而细疏,开五瓣小紫花,结青菁葵儿,上有一嘴,甚尖锐为细锥子状,其角极似鸟嘴,因以名焉。"

1.鼠掌老鹳草　2.叶　3.花

图33　鼠掌老鹳草

楝科 Meliaceae —— 楝属 Melia

楝

Melia azedarach L.

【植物形态】落叶乔木,高达10 m。**茎:**分枝广展,小枝有叶痕。**叶:**二至三回奇数羽状复叶; 小叶对生,卵形、椭圆形或披针形。**花:**圆锥花序约与叶等长;花芳香;花萼5深裂,裂片卵 形或长圆状卵形;花瓣淡紫色,倒卵状匙形;雄蕊管紫色,无毛或近无毛;子房近球形,无毛。 **果:**核果球形至椭圆形。**种子:**椭圆形。花期4—5月,果期10—11月。

【药材名】苦楝皮(药用部位:树皮及根皮)。

【性味归经】苦,寒,有毒,归肝、脾、胃经。

【功用】杀虫,疗癣。用于蛔虫病、蛲虫病、虫积腹痛,外治疥癣瘙痒。

【使用注意】孕妇及肝肾功能不全者慎用。

【文献记载】楝,载于北宋《证类本草》:"又名:翠树、紫花树、森树、楝枣树、火棯树、苦楝树、洋 花森。"《本草纲目》:"楝叶可以练物,故谓之楝。其子如小铃,熟则黄色。名金铃,象形也。此 有雌雄两种:雄者无子,根赤有毒,服之使人吐,不能止,时有至死者;雌者有子,根白微毒。人 药当用雌者。"

1.楝 2.叶 3.花 4.果 5.苦楝皮(药材) 6.苦楝子(药材)

图34 楝

1	2	3	5
		4	6

远志科 Polygalaceae —— 远志属 Polygala

远志
Polygala tenuifolia Willd.

【植物形态】多年生草本,高15～50 cm。**根:**主根粗壮,韧皮部肉质,浅黄色。**茎:**多数丛生,具纵棱槽,被短柔毛。**叶:**单叶互生,叶片纸质,线形至线状披针形,先端渐尖,基部楔形,无毛或极疏被微柔毛。**花:**总状花序呈扁侧状生于小枝顶端,细弱,少花,稀疏;苞片披针形;萼片无毛;花瓣紫色。**果:**蒴果圆形,顶端微凹,具狭翅,无缘毛。**种子:**卵形,黑色,密被白色柔毛。花果期5—9月。

【药材名】远志(药用部位:全草)。

【性味归经】苦、辛,温,归心、肾、肺经。

【功用】安神益智,交通心肾,祛痰,消肿。用于心肾不交引起的失眠多梦、健忘惊悸、神志恍惚、咳痰不爽、疮疡肿毒、乳房肿痛。

【使用注意】心肾有火、阴虚阳亢者忌服。

【文献记载】远志,始载于《神农本草经》:"叶名小草,一名棘菀,一名葽绕,一名细草。"《名医别录》:"生太山及宛朐。"《本草经集注》:"用之打去心取皮,今用一斤正得三两皮尔,市者加量之。小草状似麻黄而青。远志亦入仙方药用。"

1. 远志　2. 茎　3. 花　4. 远志(药材)

图35　远志

鼠李科 Rhamnaceae —— 鼠李属 Rhamnus

小叶鼠李
Rhamnus parvifolia Bunge

【植物形态】灌木,高1.5～2 m。**茎:**小枝对生或近对生,紫褐色,初时被短柔毛,后无毛。**芽:**卵形,鳞片数个,黄褐色。**叶:**纸质,对生或近对生,稀兼互生,或在短枝上簇生,菱状倒卵形或菱状椭圆形,稀倒卵状圆形或近圆形,顶端钝尖或近圆形,稀突尖,基部楔形或近圆形,无毛或被疏短柔毛。**花:**单性,雌雄异株,黄绿色,有花瓣,通常数个簇生于短枝上;花梗无毛。**果:**核果倒卵状球形,成熟时黑色,具2分核,基部有宿存的萼筒。**种子:**矩圆状倒卵圆形,褐色。花期4—5月,果期6—9月。

【药材名】小叶鼠李(药用部位:果)。

【性味归经】辛,凉,有小毒,归肺、大肠经。

【功用】清热泻下,解毒消瘰。用于热结便秘、瘰疬、疥癣、疮毒。

【使用注意】用药慎过量。

【文献记载】小叶鼠李,载于唐代《食疗本草》:"煮浓汁含之治露齿。并疳虫蚀入脊骨者,可煮浓汁灌之。"

1. 小叶鼠李　2. 茎、叶、果

1 2

图36　小叶鼠李

葡萄科 Vitaceae —— **蛇葡萄属** *Ampelopsis*

掌裂草葡萄

Ampelopsis aconitifolia var. *Palmiloba* (Carr.) Rehd.

【植物形态】木质藤本。**茎**：小枝圆柱形，有纵棱纹，被疏柔毛。**叶**：互生；掌状5小叶，小叶大多不分裂，边缘锯齿通常较深而粗，或混生有浅裂叶者，光滑无毛或叶下面微被柔毛。**花**：两性，排成与叶对生的聚伞花序；花杂性；花萼不明显；花瓣分离而扩展，逐片脱落；有柔弱的花柱。**果**：小浆果。**种子**：1～4颗。花期5—8月，果期7—9月。

【药材名】独脚蟾蜍（药用部位：根）。

【性味归经】甘、苦，寒，有小毒，归心、肺经。

【功用】清热化痰，解毒散结。用于热病头痛、胃痛、痢疾、痈肿、痰核。

【文献记载】掌裂草葡萄，载于《全国中草药汇编》："清热解毒，豁痰。主治结核性脑膜炎、痰多胸闷、噤口痢、疮疖痈肿。"

1.掌裂草葡萄　2.茎、叶　3.花　4.果

图37　掌裂草葡萄

1	2	3
		4

葡萄科 *Vitaceae* —— 葡萄属 *Vitis*

蘡薁

Vitis bryoniifolia Bunge

【植物形态】木质藤本。**茎：**小枝圆柱形，有棱纹，嫩枝密被蛛丝状绒毛或柔毛，以后脱落变稀疏。**叶：**长圆卵形；托叶卵状长圆形或长圆披针形，膜质，褐色，顶端钝，边缘全缘，无毛或近无毛。**花：**杂性异株，圆锥花序与叶对生，花序初时被蛛状丝绒毛，以后变稀疏；花蕾倒卵椭圆形或近球形。**果：**果实球形，成熟时紫红色。**种子：**倒卵形。花期4—8月，果期6—10月。

【药材名】蘡薁（药用部位：全草）。

【性味归经】酸、甘、涩，平，归心、肝、胃经。

【功用】清热解毒，祛风除湿。用于肝炎、阑尾炎、乳腺炎、肺脓疡、多发性囊肿、风湿性关节炎。

【文献记载】蘡薁，载于《本草纲目》："薁，野生林墅间，亦可插植，蔓叶花实与葡萄无异，其实小而圆，色不甚紫也。《诗》云，六月食薁，即此。其茎吹之气出有汁如通草也。"

1. 蘡薁　2. 茎、叶

图38　蘡薁

1 2

瑞香科 *Thymelaeaceae* —— 荛花属 *Wikstroemia*

了哥王

Wikstroemia indica (L.) C. A. Mey.

【植物形态】灌木,高0.5～2 m。**茎**:小枝红褐色,无毛。**叶**:叶对生,纸质或近革质,倒卵形、椭圆状长圆形或披针形,先端钝或急尖,基部宽楔形或窄楔形,无毛。**花**:数朵组成顶生头状总状花序,宽卵形至长圆形,顶端尖或钝。**果**:椭圆形,成熟时红色至暗紫色。花果期夏秋间。

【药材名】了哥王根(药用部位:根或根皮);了哥王子(药用部位:果);了哥王(药用部位:茎叶)。

【性味归经】了哥王根:苦、辛、寒,归肺、肝经;了哥王子:辛,微寒,归心经;了哥王:苦、辛,寒,有毒,归肺、胃经。

【功用】了哥王根:清热解毒,散结逐瘀,利水杀虫。用于肺炎、支气管炎、腮腺炎、咽喉炎、淋巴结炎、乳腺炎、痈疽肿毒、风湿性关节炎、水肿臌胀、麻风、闭经、跌打损伤。了哥王子:解毒散结。用于痈疽、瘰疬、疣瘊。了哥王:清热解毒,散结逐水。用于肺热咳嗽、疟腮、瘰疬、风湿痹痛、疮疖肿毒、水肿腹胀。

【使用注意】体质虚弱者慎服,孕妇禁服。

【文献记载】了哥王,原名九信菜,始载于清代《生草药性备要》:"消热疮毒。手指生狗皮头,可撕皮扎之。"民国时期《岭南采药录》:"灌木类,叶披针形,其子红色。八哥、雀爱食之……叶和盐捣烂外敷,能去皮肤红黑瘀血,拔毒消肿。"

1.了哥王 2、3.茎叶 4.花

图39　了哥王

	2	4
1	3	

菫菜科 Violaceae —— 菫菜属 *Viola*

斑叶菫菜
Viola variegate Fisch ex Link

【植物形态】多年生草本，高3～12 cm。**根：**数条淡褐色或近白色长根。**茎：**根状茎通常较短而细，节密生。**叶：**均基生，呈莲座状，叶片圆形或圆卵形，先端圆形或钝，基部明显呈心形，边缘具平而圆的钝齿。**花：**红紫色或暗紫色，下部通常色较淡；花梗长短不等，通常带紫红色，有短毛或近无毛；萼片通常带紫色，长圆状披针形或卵状披针形；花瓣倒卵形。**果：**蒴果椭圆形，无毛或疏生短毛，幼果球形通常被短粗毛。**种子：**淡褐色，小形，附属物短。花期4月下旬—8月，果期6—9月。

【药材名】斑叶菫菜（药用部位：全草）。

【性味归经】甘，凉，归肺经。

【功用】清热解毒，凉血止血。用于痈疮肿毒、创伤出血。

【文献记载】斑叶菫菜，始载于《陕西中药名录》："异名：天蹄。"《内蒙古中草药》："凉血止血，主治创伤出血。"

1. 斑叶菫菜　2. 茎　3. 叶

| 1 | 2 | 3 |

图40　斑叶菫菜

秋海棠科 Begoniaceae —— 秋海棠属 Begonia

秋海棠

Begonia grandis Dry.

【植物形态】多年生草本。**根：**呈密集而交织的细长纤维状。**茎：**直立，有分枝，有纵棱，近无毛。**叶：**茎生叶宽卵形或卵形，先端渐尖，基部心形，叶柄近无毛，托叶膜质，长圆形至披针形，先端渐尖，早落。**花：**3～4回二歧聚伞状花序，花葶有纵棱，无毛；花粉红色，较多；苞片长圆形，早落。**果：**蒴果下垂，细弱，无毛；轮廓长圆形。**种子：**种子极多数，小，长圆形，淡褐色，光滑。花期7月开始，果期8月开始。

【药材名】秋海棠（药用部位：全草）。

【性味归经】涩、辛，寒，归心、肺经。

【功用】清热解毒，散瘀止血。用于跌打瘀、虫蛇咬伤、皮癣、咽喉肿痛、风湿痹病、消肿等。

【使用注意】秋海棠富含草酸成分，故肾结石、尿道结石患者慎用。

【文献记载】秋海棠，始载于清代《本草纲目拾遗》：“《群芳谱》一名八月草，草本，花色粉红，甚娇艳，叶绿如翠羽。”清代《百草镜》：“擦癣杀虫，用叶、花浸蜜，入妇人面药用。”清代《脉药联珠药性考》：“捣汁治咽喉痛。”

1. 秋海棠 2. 茎 3. 叶 4. 花

图41 秋海棠

| 1 | 2 | 3 |
| | | 4 |

伞形科 Apiaceae —— 柴胡属 Bupleurum

北柴胡

Bupleurum chinense DC.

【植物形态】多年生草本,高 50～85 cm。**根**:主根较粗大,棕褐色,质坚硬。**茎**:单一或数茎,微作之字形曲折。**叶**:基生叶倒披针形或狭椭圆形,基部缢缩成柄,早枯落。**花**:复伞形花序,成疏散圆锥状;花瓣鲜黄色,上部向内折。**果**:广椭圆形,棕色,两侧略扁;棱狭翼状,淡棕色。花期 9 月,果期 10 月。

【药材名】柴胡(药用部位:根)。

【性味归经】辛、苦,微寒,归肝、胆、肺经。

【功用】疏散退热,疏肝解郁,升举阳气。用于感冒发热、寒热往来、胸胁胀痛。

【使用注意】真阴亏损、肝阳上亢及肝风内动之证禁服。

【文献记载】柴胡,始载于《神农本草经》,列上品,时名"茈胡",又名"地熏"。《本草纲目》:"茈胡生山中,嫩则可茹,老则采而为柴,故苗有芸蒿、山菜、茹草之名……行手足少阳,以黄芩为佐。"

1. 北柴胡 2. 根 3. 叶 4. 花 5. 北柴胡(药材)

图 42 北柴胡

伞形科 Apiaceae —— **蛇床属** *Cnidium*

蛇床
Cnidium monnieri (L.) Cuss.

【植物形态】一年生草本,高10～60 cm。**根**:圆锥状,较细长。**茎**:直立或斜上,多分枝,中空,表面具深条棱,粗糙。**叶**:下部叶具短柄,叶鞘短宽。**花**:复伞形花序;总苞片线形至线状披针形;花瓣白色,花柱基略隆起,花柱向下反曲。**果**:分生果长圆状,横剖面近五角形,均扩大成翅;胚乳腹面平直。花期4—7月,果期6—10月。

【药材名】蛇床子(药用部位:果)。

【性味归经】辛、苦,温,有小毒,归肾经。

【功用】燥湿祛风,杀虫止痒,温肾壮阳。用于阴痒带下、湿疹瘙痒、湿痹腰痛、肾虚阳痿、宫冷不孕。

【使用注意】下焦湿热或相火易动、精关不固者禁服。

【文献记载】蛇床子,始载于《神农本草经》,列为上品:"三月生苗,高三二尺,叶青碎,作丛,似蒿枝,每枝上有花头百余,结同一窠,似马芹类。"《名医别录》:"温中下气,令妇人子脏热,男子阴强,好颜色,令人有子。"

1.蛇床　2.叶　3.花　4.蛇床子(药材)

图43　蛇床

1	2
3	4

伞形科 *Apiaceae* ── 防风属 *Saposhnikovia*

防风

Saposhnikovia divaricata (Turcz.) Schischk.

【植物形态】多年生草本，高30～80 cm。**根**：粗壮，细长圆柱形，分歧，淡黄棕色。**茎**：单生，自基部分枝较多，斜上升，与主茎近于等长，有细棱。**叶**：叶片卵形或长圆形，二回或近于三回羽状分裂。**花**：复伞形花序多数，生于茎和分枝，无毛；花瓣倒卵形，白色，无毛。**果**：双悬果狭圆形或椭圆形，幼时有疣状突起，成熟时渐平滑。**种子**：胚乳腹面平坦。花期8—9月，果期9—10月。

【药材名】防风（药用部位：根）。

【性味归经】辛、甘、微温，归膀胱、肝、脾经。

【功用】祛风解表，胜湿止痛，止痉。用于感冒头痛、风湿痹痛、风疹瘙痒。

【使用注意】血虚发痉及阴虚火旺者慎服。

【文献记载】防风，始载于《神农本草经》："防者，御也。其功疗风最要，故名。屏风者，防风隐语也。"《名医别录》："辛，无毒。叉头者，令人发狂；叉尾者，发人痼疾。"

1. 防风　2. 根　3. 花　4. 果　5. 防风（药材）

图44　防风

		1	4
		3	
		2	5

杜鹃花科 Ericaceae —— **杜鹃花属** *Rhododendron*

迎红杜鹃

Rhododendron mucronulatum Turcz.

【植物形态】落叶灌木,高达12 m。**茎:**幼枝细长,疏生鳞片。**叶:**叶片质薄,椭圆形或椭圆状披针形,顶端锐尖、渐尖或钝,边缘全缘或有细圆齿,基部楔形或钝,上面疏生鳞片,下面鳞片大小不等,褐色。**花:**花序腋生枝顶或假顶生,先叶开放,伞形着生;花冠宽漏斗状,淡红紫色,外面被短柔毛,无鳞片;花萼,5裂,被鳞片,无毛或疏生刚毛;子房密被鳞片,花柱光滑,长于花冠。**果:**蒴果长圆形,先端5瓣开裂。花期4—6月,果期5—7月。

【药材名】迎山红(药用部位:叶)。

【性味归经】苦,平,归肺经。

【功用】解表,化痰止咳,平喘。用于感冒头痛、咳嗽、哮喘、支气管炎。

【使用注意】孕妇忌服。

1.迎红杜鹃　2、3.茎、叶

| 1 | 2 | 3 |

图45　迎红杜鹃

报春花科 *Primulaceae* —— 点地梅属 *Androsace*

点地梅
Androsace umbellata (Lour.) Merr.

【植物形态】一年生或二年生草本，高4～17 cm。**根**：主根不明显，具多数须根。**叶**：全部基生，近圆形或卵圆形，两面均被贴伏的短柔毛；叶柄被开展的柔毛。**花**：伞形花序；花冠白色，喉部黄色，裂片倒卵状长圆形；花萼杯状，密被短柔毛。**果**：蒴果近球形，果皮白色，近膜质。花期2—4月，果期5—6月。

【药材名】喉咙草（药用部位：全草或果）。

【性味归经】辛、甘，微寒，归肺、肝、脾经。

【功用】祛风，清热，消肿，解毒。用于咽喉肿痛、口疮、赤眼、目翳、牙痛、风湿、哮喘、疔疮肿毒、跌打、烫伤。

【文献记载】点地梅，载于宋代《开宝本草》："二月、三月于谷田中采之。一名戴星草，花白而小圆似星，故有此名尔。"宋代《图经本草》："处处有之，春生于谷田中，叶杆俱青，根花并白色。二三月采花用，一名戴星草。以其叶细，花白而小圆似星，故以名尔。"清代《分类草药性》："治蛇伤，解毒，诸淋，退火，涂火疔疮，诸疮未老先白头，泡酒扫毒除肿。"

1. 点地梅　2、3. 花

1 | 2 | 3

图46　点地梅

木犀科 Oleaceae —— 连翘属 *Forsythia*

连翘
Forsythia suspensa (Thunb.) Vahl

【植物形态】落叶灌木,高达3 m。**茎**：枝开展或下垂,棕色,小枝土黄色或灰褐色。**叶**：单叶或3裂至三出复叶,两面无毛。**花**：通常单生,生于叶腋,先于叶开放;花冠黄色,裂片倒卵状长圆形或长圆形。**果**：卵球形、卵状椭圆形或长椭圆形,先端喙状渐尖,表面疏生皮孔。花期3—4月,果期7—9月。

【药材名】连翘(药用部位：果)。

【性味归经】苦,微寒,归肺、心、小肠经。

【功用】清热解毒,消肿散结,疏散风热。用于疮痈肿毒、瘰疬痰核、风热外感。

【使用注意】脾胃虚寒及气虚脓清者不宜用。

【文献记载】连翘,始载于《神农本草经》:"连翘一名异翘,一名兰华,一名折根,一名轵,一名三廉。生山谷。"《本草纲目》:"微苦,辛。连翘状如人心,两片合成,其中有仁甚香,乃手少阴心经、厥阴包络气分主药也。"

1.连翘 2.茎 3.叶 4.果 5.连翘(药材)

图47 连翘

1	2	4
	3	5

夹竹桃科 *Apocynaceae* —— 鹅绒藤属 *Cynanchum*

白首乌
Cynanchum bungei Decne.

【植物形态】攀援性半灌木,长达4 m。**根:**块根粗壮。**茎:**茎纤细而韧,被微毛。**叶:**叶对生,戟形,基部心形,两面被粗硬毛。**花:**伞形聚伞花序腋生;花萼裂片披针形;花冠白色。**果:**蓇葖单生或双生,披针形。**种子:**种子卵形,长1 cm,直径5 mm;种毛白色绢质,长4 cm。花期6—7月,果期7—10月。

【药材名】白首乌(药用部位:块根)。

【性味归经】甘、微苦,平,归肝、肾、脾、胃经。

【功用】补肝肾,强筋骨,益精血,健脾消食,解毒疗疮。用于腰膝酸痛、阳痿遗精、头晕耳鸣、心悸失眠、食欲不振、小儿疳积、产后乳汁稀少、疮痈肿痛、毒蛇咬伤。

【使用注意】内服不宜过量。

【文献记载】白首乌,载于《本草纲目》:"主腹胀积滞。"《山东中药》:"为滋养、强壮、补血药,并能收敛精气,乌须黑发。治久病康弱,贫血,须发早白,慢性风痹,腰膝酸软,神经性衰弱,寿疮,肠出血,阴虚久疟,溃疡久不收口。鲜者并有润肠通便的作用,适用于老人便秘。"《分类草药性》:"消食积,下乳,补虚弱。"

1. 白首乌　2. 茎、叶　3. 花　4. 果

| 1 | 2 | 3 | 4 |

图48　白首乌

夹竹桃科 Apocynaceae —— 鹅绒藤属 *Cynanchum*

徐长卿
Cynanchum paniculatum (Bunge) Kitagawa

【植物形态】多年生直立草本,高达1 m。**根**:须状,多至50余条。**茎**:不分枝,稀从根部发生几条,无毛或被微生。**叶**:对生,纸质,披针形至线形,两端锐尖,两面无毛或叶面具疏柔毛,叶缘有边毛;侧脉不明显。**花**:圆锥状聚伞花序生于顶端的叶腋内;花冠黄绿色,近辐状;花萼内的腺体或有或无;子房椭圆形。**果**:蓇葖单生,披针形,向端部长渐尖。**种子**:长圆形,种毛白色绢质。花期5—7月,果期9—12月。

【药材名】徐长卿(药用部位:根及根茎)。

【性味归经】辛,温,归肝、胃经。

【功用】祛风,化湿,止痛,止痒。用于风湿痹痛、胃痛胀满、牙痛、腰痛、跌扑伤痛、风疹、湿疹。

【使用注意】体弱者慎服。

【文献记载】徐长卿,始载于《神农本草经》:"主鬼物百精,蛊毒疫疾,邪恶气,温疟,久服强悍轻身。"《本草经集注》:"鬼督邮之名甚多,今俗用徐长卿者,其根正如细辛,小短,扁扁尔,气亦相似。"《新修本草》:"此药叶似柳,两叶相当,有光润,所在川泽有之。根如细辛,微粗长而有臊气。"

1.徐长卿 2.茎 3.叶 4.徐长卿(药材)

图49 徐长卿

1	2	4
	3	

夹竹桃科 Apocynaceae —— 杠柳属 *Periploca*

杠柳

Periploca sepium Bunge

【植物形态】落叶蔓性灌木，长达1.5 m。**根**：主根圆柱状，外皮灰棕色，内皮浅黄色。**茎**：茎皮灰褐色；小枝通常对生，具皮孔。**叶**：卵状长圆形，顶端渐尖，基部楔形。**花**：聚伞花序腋生；花冠紫红色，辐状，花冠筒短。**果**：蓇葖，圆柱状，无毛，具有纵条纹。**种子**：长圆形，黑褐色，顶端具白色绢质种毛。花期5—6月，果期7—9月。

【药材名】香加皮（药用部位：根皮）。

【性味归经】辛、苦，温，有毒，归肝、肾、心经。

【功用】利水消肿，祛风湿，强筋骨。用于下肢浮肿、心悸气短、风寒湿痹、腰膝酸软。

【使用注意】血热、肝阳上亢者忌用。

【文献记载】杠柳，载于明代《救荒本草》："木羊角科，义名羊桃，一名小桃花。生荒野中。茎紫，叶似初生桃叶，光俊色微带黄。枝间开红白花。结角似豇豆角，甚细而尖，每两两角并生一处。"香加皮，载于《四川中药志》："强心镇痛，除风湿。治风寒湿痹，脚膝拘挛及筋骨疼痛，少量能强心。"《陕甘宁青中草药选》："祛风湿，壮筋骨，强腰膝。"

1.杠柳　2.叶　3.花　4.香加皮（药材）

图50　杠柳

茜草科 Rubiaceae —— 茜草属 Rubia

林生茜草

Rubia sylvatica (Maxim.) Nakai

【植物形态】多年生、草质、攀援藤本，长2～3.5 m或过之。**茎**：细长，方柱形，有4棱，棱上有微小的皮刺。**叶**：膜状纸质，卵圆形至近圆，顶端长渐尖或尾尖，基部深心形，后裂片耳形，边缘有微小皮刺；叶柄有微小皮刺。**花**：聚伞花序腋生和顶生，总花梗、花序轴及其分枝均纤细，粗糙。**果**：球形，成熟时黑色，单生或双生。花期7月，果期9—10月。

【药材名】茜草（药用部位：根及根茎）。

【性味归经】苦，寒，归肝经。

【功用】凉血，祛瘀，止血，通经。用于吐血、衄血、崩漏、外伤出血、瘀阻经闭、关节痹痛、跌扑肿痛。

【使用注意】脾胃虚寒及无瘀滞者慎服。

【文献记载】茜草，载于《神农本草经》："寒湿风痹，黄疸，补中。"五代后蜀《蜀本草》："染绯草叶似枣叶，头尖下胸，茎叶俱涩，四五叶对生节间，蔓延草木上，根紫赤色。今所在有，八月采根。"《本草纲目》："陶隐居《本草》言东方有而少，不如西方多，则西草为茜。"

1. 林生茜草　2、3. 茎、叶

图51　林生茜草

旋花科 Convolvulaceae —— **打碗花属** *Calystegia*

藤长苗
Calystegia pellita (Ledeb.) G. Don

【植物形态】多年生草本。**根**：细长。**茎**：缠绕或下部直立，圆柱形，有细棱，密被灰白色或黄褐色长柔毛。**叶**：长圆形或长圆状线形，顶端钝圆或锐尖，具小短尖头，基部圆形、截形或微呈戟形，全缘。**花**：腋生，单一，花梗短于叶，密被柔毛；花冠淡红色，漏斗状，冠檐于瓣中带顶端被黄褐色短柔毛；苞片卵形，外面密被褐黄色短柔毛；萼片长圆状卵形，上部具黄褐色缘毛。**果**：蒴果近球形。**种子**：卵圆形，无毛。

【药材名】狗狗秧（药用部位：全草）。

【性味归经】甘，寒，归脾、胃、大肠、小肠经。

【功用】清肝热，滋阴，利小便。用于肝阳上亢、头晕、目眩、小便不利。

【文献记载】狗狗秧，载于清代《陆川本草》："利尿，解毒，消炎。治小儿皮肤泡疮，痢疾。"《河南中草药手册》："清热，滋阴，降压，利尿。"

1. 藤长苗　2. 叶　3. 花

1　2　3

图52　藤长苗

旋花科 *Convolvulaceae* —— 菟丝子属 *Cuscuta*

菟丝子
Cuscuta chinensis Lam.

【植物形态】一年生寄生草本。**茎**：缠绕，黄色，纤细。**花**：花序侧生，少花或多花簇生成小伞形或小团伞花序，近于无总花序梗；苞片及小苞片小，鳞片状；花萼杯状，中部以下连合；花冠白色，壶形，裂片三角状卵形，顶端锐尖或钝，向外反折，宿存；鳞片长圆形，边缘长流苏状。**果**：蒴果球形，几乎全为宿存的花冠所包围。**种子**：淡褐色，卵形。

【药材名】菟丝子(药用部位：种子)。

【性味归经】辛、甘、平，归肝、肾、脾经。

【功用】补益肝肾，固精缩尿，安胎，明目，止泻，外用消风祛斑。用于肝肾不足、腰膝酸软、阳痿遗精、遗尿尿频、肾虚胎漏、胎动不安、目昏耳鸣、脾肾虚泻，外治白癜风。

【使用注意】阴虚火旺、阳强不痿及大便燥结之证禁服。

【文献记载】菟丝子，载于《名医别录》："生朝鲜川泽田野，蔓延草木之上，色黄二草为赤网，色浅而大为菟累。九月采实暴干。"《本草汇言》："菟丝子，补肾养肝，温脾助胃之药也。但补而不峻，温而不燥，故入肾经。虚可以补，实可以利，寒可以温，热可以凉，湿可以燥，燥可以润。"

1. 菟丝子　2. 茎　3. 花　4. 菟丝子(药材)

图53　菟丝子

1	2
3	4

唇形科 Lamiaceae —— 水棘针属 *Amethystea*

水棘针

Amethystea caerulea L.

【植物形态】一年生草本，高0.3～1 m。**茎**：四棱形，紫色，灰紫黑色或紫绿色，被疏柔毛或微柔毛，以节上较多。**叶**：叶柄紫色或紫绿色，有沟，具狭翅；叶片纸质或近膜质，三角形或近卵形，裂片披针形，边缘具粗锯齿或重锯齿。**花**：花序为由松散具长梗的聚伞花序所组成的圆锥花序；花萼钟形；花冠蓝色或紫蓝色，冠檐二唇形，上唇2裂；花柱细弱；花盘环状。**果**：小坚果倒卵状三棱形，背面具网状皱纹，腹面具棱，两侧平滑。花期8—9月，果期9—10月。

【药材名】水棘针（药用部位：全草）。

【性味归经】辛，平，归肺经。

【功用】疏风解表，宣肺平喘。用于感冒、咳嗽气喘。

【文献记载】水棘针，始载于明代《救荒本草》："生田野中。苗高一二尺，茎方四棱，对分茎叉，叶亦对生，其叶似荆叶而软，锯齿尖叶，茎叶紫绿；开小紫碧花。叶味辛辣，微甜。"

1.水棘针　2.根　3.茎　4.叶　5.花

图54　水棘针

| 1 | 2 | 4 |
| 3 | 5 |

唇形科 Lamiaceae —— 莸属 *Caryopteris*

单花莸

Caryopteris nepetifolia (Bentham) Maximowicz

【植物形态】多年生草本，高30～60 cm。**茎**：方形，被向下弯曲的柔毛。**叶**：叶片纸质，宽卵形至近圆形，顶端钝，基部阔楔形至圆形，两面均被柔毛及腺点；叶柄被柔毛。**花**：单花腋生，近花柄中部生两枚锥形细小苞片；花萼杯状；花冠淡蓝色，外面疏生细毛和腺点，全缘。**果**：蒴果4瓣裂，果瓣倒卵形，无翅，表面被粗毛，不明显凹凸成网纹，淡黄色。花果期5—9月。

【药材名】莸（药用部位：全草）。

【性味归经】微甘，凉，归脾、膀胱经。

【功用】清暑解表，利湿解毒。用于夏季感冒、中暑、热淋、带下、外伤出血。

1. 单花莸　2. 茎　3. 叶　4. 花

图55　单花莸

| 1 | 2 | 4 |
| 3 | | |

唇形科 Lamiaceae —— 益母草属 Leonurus

细叶益母草
Leonurus sibiricus L.

【植物形态】一年生或二年生草本，高20～80 cm。**根：**有圆锥形的主根。**茎：**直立，有短而贴生的糙伏毛。**叶：**轮廓为卵形，掌状3全裂，叶脉呈黄白色。**花：**轮伞花序腋生，花时轮廓为圆球形；花萼管状钟形；花冠粉红至紫红色，冠檐二唇形。**果：**小坚果长圆状三棱形，基部楔形，褐色。花期7—9月，果期9月。

【药材名】益母草（药用部位：地上部分）；茺蔚子（药用部位：果）。

【性味归经】益母草：苦、辛，微寒，归肝、心包、膀胱经；茺蔚子：辛、苦，微寒，归心包、肝经。

【功用】益母草：活血调经，利尿消肿，清热解毒。用于月经不调、痛经经闭、恶露不尽。茺蔚子：活血调经，清肝明目。用于月经不调、经闭痛经、目赤翳障。

【使用注意】益母草：孕妇慎用；茺蔚子：瞳孔散大者慎用。

【文献记载】茺蔚子，载于《本草纲目》："治风解热，顺气活血，养肝益心，安魂定魄，调女人经脉，崩中带下，产后胎前诸疾。""此草及子皆充盛密蔚，故名茺蔚。"

1.细叶益母草　2.茎、叶　3.花

图56　细叶益母草

唇形科 Lamiaceae —— 荆芥属 *Nepeta*

多裂叶荆芥
Nepeta multifida Linnaeus

【植物形态】多年生草本，高达40 cm。**茎**：半木质化，上部四棱形，基部带圆柱形，被白色长柔毛，侧枝通常极短，极似数枚叶片丛生。**叶**：卵形，羽状深裂或分裂，基部截形至心形，裂片线状披针形至卵形，全缘或具疏齿。**花**：花序为由多数轮伞花序组成的顶生穗状花序；花萼紫色，基部带黄色；花冠蓝紫色，干后变淡黄色，外被交错的柔毛，内面在喉部被极少柔毛。**果**：小坚果扁长圆形，腹部略具棱，褐色，平滑。花期7—9月，果期9月以后。

【药材名】荆芥（药用部位：地上部分）；荆芥穗（药用部位：花穗）。

【性味归经】辛，微温，归肺、肝经。

【功用】解表散风，透疹消疮。用于感冒、头痛、麻疹、风疹、疮疡初起。

【使用注意】荆芥：表虚自汗、阴虚头痛者禁用。

【文献记载】荆芥之名，始载于魏晋时期《吴普本草》："叶似落藜而细，蜀中生噉之。"唐代《药性论》："治恶风、贼风、口面㖞斜、遍身顽痹，心虚忘事，益力添精。主辟邪毒气，除劳。"《本草纲目》："曰苏、曰姜、曰芥，皆因气味辛香如苏、如姜、如芥也。"

1. 水棘针　2. 根　3. 茎　4. 叶　5. 花

图57　多裂叶荆芥

1	2	4	5
	3		

唇形科 Lamiaceae —— 橙花糙苏属 *Phlomis*

糙苏

Phlomis umbrosa Turcz.

【植物形态】多年生草本,高达50～150 cm。**根**:根粗厚,须根肉质。**茎**:多分枝,四棱形,具浅槽,茎疏被倒向短硬毛,带紫红色。**叶**:叶圆卵形或卵状长圆形,先端尖或渐尖,基部浅心形或圆,具锯齿状牙齿;叶柄密被短硬毛。**花**:轮伞花序;苞片线状钻形,较坚硬,常呈紫红色;花萼管状;花冠多粉红色、紫红色、稀白色,冠檐二唇形。**果**:小坚果无毛。花期6—9月,果期9月。

【药材名】糙苏(药用部位:根及全草)。

【性味归经】辛,平,归肺经。

【功用】祛风化痰,利湿除弊,祛痰,解毒消肿。用于感冒、咳嗽痰多、风湿痹痛、跌打损伤、疮疖肿毒。

【文献记载】糙苏,载于《无误蒙药鉴》:"其多数块状跟,味甘;茎灰色高拃余;叶似独一味,被毛;茎方形;开白色或淡红色花。"

1. 糙苏 2. 叶 3. 花

1 2 3

图58 糙苏

唇形科 Lamiaceae —— 鼠尾草属Salvia

丹参
Salvia miltiorrhiza Bunge

【植物形态】多年生直立草本,高达80 cm。**根**:肥厚,肉质,外面朱红色,内面白色。**茎**:茎直立,四棱形,具槽,密被长柔毛,多分枝。**叶**:奇数羽状复叶,卵形、椭圆状卵形或宽披针形。**花**:轮伞花序6花或多花;苞片披针形;花萼钟形,带紫色;花冠紫蓝色。**果**:小坚果黑色,椭圆形。花期4—8月,果期9—11月。

【药材名】丹参(药用部位:根及根茎)。

【性味归经】苦,微寒,归心、肝经。

【功用】活血祛瘀,通经止痛,清心除烦,凉血消痈。用于胸痹心痛、脘腹胁痛。

【使用注意】妇女月经过多及无瘀血者禁服,孕妇慎服,反藜芦。

【文献记载】丹参,始载于《神农本草经》:"一名郄蝉草。"明代《本草乘雅半偈》:"先人云:丹赤心色,奔逐为缘,蝉速于化,郄速于蝉。"

1. 丹参　2. 茎　3. 花　4. 丹参(药材)

图59　丹参

| 1 | 2 | 3 |
| | | 4 |

唇形科 Lamiaceae —— **黄芩属** Scutellaria

黄芩

Scutellaria baicalensis Georgi

【植物形态】多年生草本，高达1.2 m。**茎**：茎分枝，近无毛，或被向上至开展微柔毛。**叶**：叶披针形或线状披针形，先端钝，基部圆，全缘，下面密被凹腺点；叶柄被微柔毛。**花**：总状花序；苞片叶状，上部卵状披针形或披针形；花梗被微柔毛；花萼密被微柔毛，具缘毛下部；花冠紫、紫红至蓝色，冠檐2唇形，上唇盔状，先端微缺，下唇中裂片三角状卵圆形。**果**：小坚果卵球形，黑褐色，具瘤，腹面近基部具果脐。花期7—8月，果期8—9月。

【药材名】黄芩（药用部位：根）。

【性味归经】苦，寒，归肺、胆、脾、大肠、小肠经。

【功用】清热燥湿，泻火解毒，止血，安胎。用于湿温、暑湿、胸闷呕恶、湿热痞满、黄疸泻痢、肺热咳嗽、高热烦渴、血热吐衄、胎动不安。

【使用注意】脾胃虚寒，少食便溏者禁服。

【文献记载】黄芩，始载于《神农本草经》："黄芩一名腐肠。"《神农本草经》最初记载黄芩产地仅为"生川谷"。《名医别录》首次出现了黄芩的具体产地"生秭归及宛朐"。清代《本草新编》："黄芩，味苦，气平，性寒，可升可降，阴中微阳，无毒。入肺经、大肠。退热除烦，泻膀胱之火，止赤痢，消赤眼，善安胎气，解伤寒郁蒸，润燥，益肺气。"

1.黄芩　2.花　3.黄芩（药材）

1　2　3

图60　黄芩

唇形科 Lamiaceae —— **黄芩属** *Scutellaria*

并头黄芩

Scutellaria scordifolia Fisch. ex Schrank

【植物形态】多年生草本,高达36 cm。**茎:**直立,四棱形,紫色,近无毛或棱上疏被上曲柔毛。**叶:**三角状卵形或披针形,边缘大多具浅锐牙齿,上面绿色无毛,下面沿脉疏被柔毛或近无毛;叶柄被柔毛。**花:**花单生于茎上部的叶腋内;花梗被短柔毛;花萼被短柔毛及缘毛;花冠蓝紫色被短柔毛,冠筒基部浅囊状膝曲,冠檐2唇形。**果:**小坚果黑色,椭圆形。花期6—8月,果期8—9月。

【药材名】头巾草(药用部位:全草)。

【性味归经】微苦,凉,归肺、膀胱经。

【功用】清热利湿,解毒消肿。用于肝炎、肝硬化腹水、阑尾炎、乳腺炎、蛇虫咬伤、跌打损伤。

【使用注意】脾肺虚热者忌用。

【文献记载】并头黄芩,载于《无误蒙药鉴》:"具狗舌状小圆叶,茎紫红色,方形,花同香青兰,且比香青兰大,气芳香。"《内蒙古中草药》:"清热解毒,利尿。主治肝炎、阑尾炎、跌打损伤、蛇咬伤。"

1.并头黄芩 2.根 3.叶 4.花

图61　并头黄芩

	2	4
1	3	

茄科 *Solanaceae* —— 茄属 *Solanum*

青杞

Solanum septemlobum Bunge

【植物形态】直立草本或灌木状。**茎**：具棱角，被白色弯卷短柔毛或腺毛。**叶**：互生，卵形，先端钝，基部楔形，裂片卵状长圆形至披针形，全缘或具尖齿，两面均疏被短柔毛。**花**：二歧聚伞花序，顶生或腋外生，花梗纤细，近无毛，基部具关节；萼小，杯状，萼齿三角形；花冠青紫色；花药黄色，长圆形。**果**：浆果近球形或卵圆形，红色。**种子**：扁圆形。花期6—10月，果期10—12月。

【药材名】蜀羊泉（药用部位：全草或果）。

【性味归经】苦，寒，归肝、肺经。

【功用】清热解毒。用于咽喉肿痛、目昏目赤、乳腺炎、腮腺炎、疥癣瘙痒。

【使用注意】脾胃虚弱、脾胃虚寒的人群不宜服用。

【文献记载】蜀羊泉，始载于《神农本草经》："蜀羊泉，味苦，微寒，主头秃，恶疮热气，疥瘙痂，癣虫，疗齿齿。生川谷"。《新修本草》："此草叶似菊，花紫色，子类枸杞子，根如远志，无心有糁。"

1.青杞 2.叶 3.花

图62　青杞

苦苣苔科 Gesneriaceae —— 旋蒴苣苔属 *Boea*

旋蒴苣苔
Boea hygrometrica (Bunge) R. Br.

【植物形态】多年生草本。**叶**：基生，莲座状，无柄，近圆形、圆卵形或卵形，上面被白色贴伏长柔毛，下面被白色或淡褐色贴伏长绒毛，边缘具牙齿或波状浅齿。**花**：聚伞花序伞状；花序梗被淡褐色短柔毛和腺状柔毛；苞片极小或不明显；花梗被短柔毛；花萼钟状；花冠淡蓝紫色，檐部稍二唇形，上唇2裂，下唇3裂；花药卵圆形，无花盘。**果**：蒴果长圆形，外面被短柔毛，螺旋状卷曲。**种子**：卵圆形。花期7—8月，果期9月。

【药材名】牛耳草（药用部位：全草）。

【性味归经】苦，平，归肺经。

【功用】散瘀止血，清热解毒，化痰止咳。用于吐血、便血、外伤出血、跌打损伤、聤耳、咳嗽痰多。

【使用注意】寒性体质、脾胃虚寒的人群不宜服用。

【文献记载】牛耳草，载于清代《植物名实图考》："牛耳草生山石间，辅生，叶如葵而不圆，多深齿而有直纹隆起。细根成簇，夏抽葶开花，治跌打损伤。"

1.旋蒴苣苔　2.叶　3.花　4.果

图63　旋蒴苣苔

1	2	4
	3	

透骨草科 Phrymaceae —— 透骨草属 *Phryma*

透骨草

Phryma leptostachya subsp. *asiatica* (Hara) Kitamura

【植物形态】多年生草本,高30～80 cm。**茎**:直立,四棱形,遍布倒生短柔毛,少数近无毛。**叶**:对生;叶片卵状长圆形,边缘有钝锯齿、圆齿或圆齿状牙齿。**花**:穗状花序生茎顶及侧枝顶端,被微柔毛或短柔毛;苞片钻形至线形;花萼筒状,萼齿直立;花冠漏斗状筒形,蓝紫色、淡红色至白色;雄蕊4,花丝狭线形,花药肾状圆形。**果**:瘦果狭椭圆形,包藏于棒状宿存花萼内。**种子**:基生,种皮薄膜质,与果皮合生。花期6—10月,果期8—12月。

【药材名】透骨草(药用部位:全草)。

【性味归经】甘、辛,温,归肺、肝经。

【功用】祛风除湿,舒筋活络,活血止痛,解毒化疹。用于风湿筋骨疼痛、跌打瘀肿、疮肿初起。

【使用注意】孕妇禁服。

【文献记载】透骨草,载于《本草纲目》:"治筋骨一切风湿,疼痛挛缩,寒湿脚气。"

1. 透骨草 2. 茎 3. 叶 4. 花　　　　　　　　　　　　　　　　　　　　　　　　1　2　3　4

图64　透骨草

车前科 *Plantaginaceae* ── 车前属 *Plantago*

平车前
Plantago depressa Willd.

【植物形态】一年或二年生草本。**根**：直根长，具多数侧根。**茎**：根茎短。**叶**：叶片纸质，椭圆形，边缘具浅波状钝齿、不规则锯齿或牙齿。**花**：穗状花序细圆柱状；花冠白色，椭圆形或卵形，无毛，先端具宽三角状小突起。**果**：蒴果卵状椭圆形或圆锥状卵形。**种子**：椭圆形，腹面平坦，黄褐色至黑色。花期5—7月，果期7—9月。

【药材名】车前子（药用部位：种子）；车前草（药用部位：全草）。

【性味归经】甘，寒，归肝、肾、肺、小肠经。

【功用】车前子：清热利尿通淋，渗湿止泻，明目，祛痰。用于热淋涩痛、水肿胀满、暑湿泄泻、目赤肿痛、痰热咳嗽。车前草：清热利尿通淋，祛痰，凉血，解毒。用于热淋涩痛、水肿尿少、暑湿泄泻、痰热咳嗽、吐血衄血、痈肿疮毒。

【使用注意】车前子：阳气下陷、肾虚遗精及内无湿热者禁服；车前草：虚滑精气不固者禁服。

【文献记载】车前子，始载于东汉时期《神农本草经》："味甘，寒，无毒。"《本草图经》："中抽数茎，作长穗，如鼠尾，花甚细，青色微赤，结实如葶苈赤黑色。"

1. 平车前 2. 根 3. 叶 4. 花 5. 车前子（药材） 6. 车前子（药材）

图65　平车前

| 1 | 2 | 5 |
| | 3 | 4 | 6 |

忍冬科 *Caprifoliaceae* —— 忍冬属 *Lonicera*

忍冬
Lonicera japonica Thunb.

【植物形态】半常绿藤本。**茎**：幼枝洁红褐色。**叶**：纸质，卵形至矩圆状卵形，有糙缘毛，上面深绿色，下面淡绿色。**花**：总花梗通常单生于小枝上部叶腋；花冠白色，后变黄色，唇形。**果**：圆形，熟时蓝黑色，有光泽。**种子**：卵圆形或椭圆形，褐色。花期4—6月（秋季亦常开花），果期10—11月。

【药材名】忍冬藤（药用部位：茎）；金银花（药用部位：花蕾或带初开的花）。

【性味归经】忍冬藤：甘，寒，归肺、胃经；金银花：甘，寒，归肺、心、胃经。

【功用】忍冬藤：清热解毒，疏风通络。用于温病发热、热毒血痢、痈肿疮疡、风湿热痹、关节红肿热痛。金银花：清热解毒，疏散风热。用于痈肿疔疮、喉痹、丹毒、热毒血痢、风热感冒、温病发热。

【使用注意】忍冬藤：虚寒作泻者忌用；金银花：脾胃虚寒及气虚疮疡脓清者忌服。

【文献记载】忍冬，载于《新修本草》："此草藤生，绕覆草木上。苗茎赤紫色，宿者有薄白皮膜之。其嫩茎有毛，叶似胡豆，亦上下有毛，花白蕊紫。今人或以络石当之，非也。"金银花，载于宋代《苏沈内翰良方》："初开白色，数日则变黄，每黄白相间，故名金银花。"

1.忍冬　2.叶　3.花　4.金银花（药材）　5.忍冬藤（药材）

图66　忍冬

1	2	4	5
	3		

桔梗科 Campanulaceae —— 桔梗属 Platycodon

桔梗

Platycodon grandiflorus (Jacq.) A. DC.

【植物形态】多年生草本,高20～120 cm。**茎:** 通常无毛,偶密被短毛,不分枝。**叶:** 全部轮生,无柄或有极短的柄,叶片卵形,卵状椭圆形至披针形,基部宽楔形至圆钝,边缘具细锯齿。**花:** 单朵顶生,或数朵集成假总状花序,或有花序分枝而集成圆锥花序;花萼筒部半圆球状或圆球状倒锥形;花冠大,蓝色或紫色。**果:** 蒴果球状、球状倒圆锥形或倒卵圆形。花期7—9月。

【药材名】桔梗(药用部位:根)。

【性味归经】苦、辛,平,归肺经。

【功用】宣肺,利咽,祛痰,排脓。用于咳嗽痰多、胸闷不畅、咽痛、音哑、肺痈吐脓。

【使用注意】气机上逆、呕吐、呛咳、眩晕、阴虚火旺咳血者禁服。

【文献记载】桔梗,始载于《神农本草经》:"今在处有之。根如小指大,黄白色。春生苗,茎高尺杂。叶似杏叶面长栖,四叶相对面生,嫩时亦可煮食。夏开小花紫碧色,颇似牵牛花,秋后结子。八月采根,其根有心,若无心者为荠。"《本草纲目》:"此草之根结实而梗直,故名。桔梗荠乃一类,有甜、苦二种,故《本经》桔梗一名荠苨,而今俗称荠苨,为甜桔梗也。"

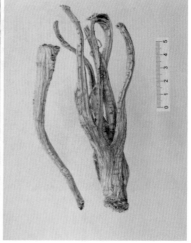

1. 桔梗　2. 花　3. 桔梗(药材)

| 1 | 2 | 3 |

图67　桔梗

菊科 Compositae —— 蒿属 Artemisia

蒌蒿

Artemisia selengensis Turcz. ex Bess.

【植物形态】多年生草本,高60～150 cm。**根:**主根不明显或稍明显,具多数侧根与纤维状须根。**茎:**少数或单,初时绿褐色,后为紫红色,无毛,有明显纵棱。**叶:**纸质或薄纸质,上面绿色,无毛或近无毛;背面密被灰白色蛛丝状平贴的绵毛。**花:**头状花序多数,长圆形或宽卵形,在茎上组成窄长圆锥花序。**果:**瘦果卵圆形,略扁,上端偶有不对称的花冠着生面。花果期7—10月。

【药材名】蒌蒿(药用部位:全草)。

【性味归经】苦、辛,温,归脾、胃、肝经。

【功用】利膈开胃。用于食欲不振。

【使用注意】糖尿病、肥胖病、肾脏病、高血脂症等慢性病患者慎食。

【文献记载】蒌蒿,载于《神农本草经》:"上品,甘、平,无毒,长毛发令黑,疗心悬,少食常饥,久服轻身,耳目聪明,不老。"《本草纲目》:"利膈开胃,祛风寒湿痹,可去河豚鱼毒。"

1. 蒌蒿 2. 茎 3. 叶 4. 花

图68 蒌蒿

| 1 | 2 | 3 |
| | | 4 |

菊科 Compositae —— 紫菀属 *Aster*

全叶马兰
Aster pekinensis (Hance) Kitag.

【植物形态】多年生草本,高30～70 cm。**根:** 长纺锤状直根。**茎:** 直立,单生或数个丛生,被细硬毛,中部以上有近直立的帚状分枝。**叶:** 下部叶在花期枯萎;中部叶多而密,条状披针形、倒披针形或矩圆形,顶端钝或渐尖,边缘稍反卷;上部叶较小,条形;全部叶下面灰绿,两面密被粉状短绒毛,中脉在下面凸起。**花:** 头状花序单生枝端且排成疏伞房状;总苞半球形;总苞片覆瓦状排列,外层近条形;舌片淡紫色;管状花花冠,有毛。**果:** 瘦果倒卵形,浅褐色,扁。花期6—10月,果期7—11月。

【药材名】全叶马兰(药用部位:全草)。

【性味归经】苦,寒,归肺、肝、胃、大肠经。

【功用】清热解毒,止咳。用于感冒发热、咳嗽、咽炎。

【文献记载】马兰,始载于《本草拾遗》:"味辛,平,无毒,主破宿血,生捣缚蛇咬。"《本草纲目》:"马兰可破宿血,养新血,止鼻血、吐血,合金疮,断血痢,诸菌毒、蛊毒。"

1. 全叶马兰　2. 茎、叶　3. 花

| 1 | 2 | 3 |

图69　全叶马兰

菊科 *Compositae* —— 苍术属 *Atractylodes*

苍术

Atractylodes lancea (Thunb.) DC.

【植物形态】多年生草本,高(15～20)30～100 cm。**根:**粗长或通常呈疙瘩状,生多数等粗等长或近等长的不定根。**茎:**直立,被稀疏的蛛丝状毛或无毛。**叶:**单叶互生,叶片纸质,线形至线状披针形,无毛或极疏被微柔毛。**花:**头状花序单生茎枝顶端,但不形成明显的花序式排列;小花白色。**果:**瘦果倒卵圆状,被稠密的顺向贴伏的白色长直毛。花果期6—10月。

【药材名】苍术(药用部位:根茎)。

【性味归经】苦、辛,温,归脾、胃、肝经。

【功用】燥湿健脾,祛风散寒,明目。用于湿阻中焦、脘腹胀满、泄泻、水肿、脚气痿蹙、风湿痹痛、风寒感冒、夜盲、眼目昏涩。

【使用注意】阴虚内热、气虚多汗者忌用。

【文献记载】古本草文献中苍术与白术常不分,统称为术,始载于《神农本草经》:"作煎饵久服,轻身延年不饥。"宋代《本草衍义》:"苍术其长如大小指,肥实,皮色褐,气味辛烈。"《本草纲目》:"苍术,山蓟也。处处山中有之。苗离二三尺,其叶抱茎而生,梢间叶似棠梨叶,其脚下叶有三五叉,皆有锯齿小刺。"

1.苍术　2.根　3.叶　4.花　5.苍术(药材)

图70　苍术

| 1 | 2 | 3 | 4 |
| | | | 5 |

菊科 *Compositae* —— 蓟属 *Cirsium*

刺儿菜

Cirsium arvense var. *integrifolium* C. Wimm. et Grabowski

【植物形态】多年生草本。**茎**：直立。**叶**：基生叶和中部茎叶椭圆形、长椭圆形或椭圆状倒披针形，上部茎叶渐小，椭圆形或披针形或线状披针形。或叶缘有刺齿，齿顶针刺大小不等。全部茎叶两面同色，绿色或下面色淡，两面无毛。**花**：头状花序单生茎端。小花紫红色或白色，雌花花冠长 2.4 cm，细管部细丝状，两性花花冠长 1.8 cm，细管部细丝状。**果**：瘦果淡黄色，椭圆形或偏斜椭圆形。花果期 5—9 月。

【药材名】小蓟（药用部位：地上部分）。

【性味归经】甘、苦，凉，归心、肝经。

【功用】凉血止血，散瘀解毒消痈。用于衄血、吐血、尿血、血淋、便血、崩漏、外伤出血、痈肿疮毒。

【使用注意】脾胃虚寒而无瘀滞者忌用。

【文献记载】小蓟，《本草拾遗》中记载："破宿血，止新血，暴下血，血痢，金疮出血，呕血等……及蜘蛛蛇蝎毒。"

1. 刺儿菜　2. 茎　3. 叶　4. 花　5. 小蓟（药材）

图71　刺儿菜

1	2	3
		5
		4

菊科 *Compositae* —— 飞蓬属 *Erigeron*

香丝草

Erigeron bonariensis L.

【植物形态】一年生或二年生草本，高20～50 cm。**根**：纺锤状，常斜升，具纤维状根。**茎**：直立或斜升，稀更高，中部以上常分枝，密被贴短毛。**叶**：密集，基部叶花期常枯萎；下部叶倒披针形或长圆状披针形；中部和上部叶具短柄或无柄，狭披针形或线形。**花**：头状花序多数，在茎端排列成总状或总状圆锥花序；花托稍平，有明显的蜂窝孔；雌花白色，花冠细管状；两性花淡黄色，花冠管状。**果**：瘦果线状披针形，扁压，被疏短毛。花期5—10月。

【药材名】野塘蒿（药用部位：全草）。

【性味归经】苦，凉，归心、胃、肝经。

【功用】清热解毒，除湿止痛，止血。用于感冒、疟疾、风湿性关节炎、疮疡脓肿、外伤出血。

【使用注意】脾胃虚寒者忌用。

【文献记载】香丝草，又称小山艾（《全国中草药汇编》）、小加蓬（《海南岛中草药》）、火草苗（四川）、襄衣草（广西）。野塘蒿，载于《湖南药物志》："排脓解毒，利气。治肿毒化脓、遗精、白带。"《全国中草药汇编》："清热去湿，行气止痛。主治感冒、疟疾、急性风湿性关节炎。外用治小面积创伤出血。"

1. 香丝草　2. 根　3. 茎　4. 花

图72　香丝草

1	2	4
	3	

菊科 Compositae —— 莨苣属 *Lactuca*

翅果菊

Lactuca indica L.

【植物形态】多年生草本,高0.6～2 m。**根**:粗厚,分枝成萝卜状。**茎**:单生,直立,粗壮,全部茎枝无毛。**叶**:全部茎叶或中下部茎叶极少一回羽状深裂,全形披针形、倒披针形或长椭圆形。**花**:头状花序多数,在茎枝顶端排成圆锥花序;总苞果期卵球形;全部总苞片顶端急尖或钝,边缘或上部边缘染红紫色;舌状小花21枚,黄色。**果**:瘦果椭圆形,压扁,棕黑色,边缘有宽翅;冠毛白色,几为单毛状。花果期7—10月。

【药材名】白龙头(药用部位:根);山莨苣(药用部位:全草)。

【性味归经】白龙头:苦,寒,归肝经;山莨苣:苦,寒,有小毒,归肺经。

【功用】白龙头:清热凉血,消肿解毒。用于扁桃腺炎、妇女血崩、疖肿、乳痈。山莨苣:清热解毒,活血止血。用于咽喉肿痛、肠痈、疮疖肿毒、子宫颈炎。

【使用注意】山莨苣:阴疽证者不宜用。

【文献记载】白龙头,载于《南京民间药草》:"治妇女血崩及子宫发炎,另用猪膀胱作引子。"山莨苣,载于《中国药用植物图鉴》:"茎叶煎服可以解热,粉末涂擦可除去疣瘤。"

1. 翅果菊　2. 茎　3. 叶

图73　翅果菊

| 1 | 2 | 3 |

菊科 *Compositae* —— 漏芦属 *Rhaponticum*

漏芦

Rhaponticum uniflorum (L.) DC.

【植物形态】多年生草本，高(6)30～100 cm。**茎:** 根状茎粗厚。茎直立，不分枝，灰白色。**叶:** 质地柔软，两面灰白色，被稠密的或稀疏的蛛丝毛及多细胞糙毛和黄色小腺点。**花:** 头状花序单生茎顶，花序梗粗壮；总苞半球形；全部小花两性，管状，花冠紫红色。**果:** 瘦果3～4棱，楔状。花果期4—9月。

【药材名】漏芦(药用部位: 根)。

【性味归经】苦，寒，归胃经。

【功用】清热解毒，通经下乳，舒筋通脉。用于乳痈肿痛、乳汁不下、湿痹拘挛。

【使用注意】气虚、疮疡平塌者及孕妇忌用。

【文献记载】漏芦，始载于《名医别录》:"漏芦，大寒，无毒。主止遗溺，热气疮痒，如麻豆，可作浴汤，生乔山山谷，阴干。"《神农本草经》:"主皮肤热，恶疮疽痔，湿痹，下乳汁。"《本草纲目》:"屋之西北黑处谓之漏；凡物黑色谓之芦，此草秋后即黑，异于众草，故有漏芦之称。"

1. 漏芦　2. 叶　3. 果

| 1 | 2 | 3 |

图74　漏芦

菊科 Compositae —— 鸦葱属 *Scorzonera*

华北鸦葱
Scorzonera albicaulis Bunge

【植物形态】多年生草本,高达120 cm。**根:** 圆柱状或倒圆锥状。**茎:** 单生或少数茎成簇生,全部茎枝被白色绒毛。**叶:** 基生叶与茎生叶同形,线形、宽线形或线状长椭圆形,边缘全缘,极少有浅波状微齿,两面光滑无毛,两面明显,基生叶基部鞘状扩大,抱茎。**花:** 头状花序在茎枝顶端排成伞房花序;总苞圆柱状;全部总苞片被薄柔毛;舌状小花黄色。**果:** 瘦果圆柱状,有多数高起的纵肋,无毛,无脊瘤,向顶端渐细成喙状。花果期5—9月。

【药材名】白茎鸦葱(药用部位:根)。

【性味归经】甘、苦,微凉,归肺经。

【功用】清热解毒,祛风除湿,平喘。用于感冒发热、哮喘、乳腺炎、疔疮、关节痛、带状疱疹。

【文献记载】白茎鸦葱,载于《陕西中草药》:"味甘,性温。"《贵州民间药物》:"调气,理血,解毒,治跌打损伤,月经倒行,久年哮喘,发痧腹痛,疮毒。"《陕西中草药》:"祛风湿,健脾,补气,生津,解毒。治劳伤,风湿关节痛,外感风寒,发热头痛。"

1. 华北鸦葱　2. 花

图75　华北鸦葱

菊科 *Compositae* —— 苦苣菜属 *Sonchus*

长裂苦苣菜
Sonchus brachyotus DC.

【植物形态】一年生草本，高 50～100 cm。**根：**垂直直伸，生多数须根。**茎：**直立，有纵条纹，全部茎枝光滑无毛。**叶：**羽状深裂、半裂或浅裂，极少不裂，基部圆耳状扩大，半抱茎，对生或部分互生或偏斜互生，线状长椭圆形、长三角形或三角形，极少半圆形；全部叶两面光滑无毛。**花：**头状花序，少数在茎枝顶端排成伞房状花序；总苞钟状；全部总苞片顶端急尖，外面光滑无毛；舌状小花多数，黄色。**果：**瘦果长椭圆状，褐色，稍压扁，每面有 5 条高起的纵肋，肋间有横皱纹。花果期 6—9 月。

【药材名】北败酱草（药用部位：全草）。

【性味归经】苦，寒，归胃、大肠、肝经。

【功用】清湿热，消肿排脓，化瘀解毒。用于阑尾炎、肠炎痢疾、疮疖痈肿、产后瘀血腹痛、痔疮。

【使用注意】不宜多食，湿邪内阻及疮疥、败疽、痔漏者慎服。

【文献记载】长裂苦苣菜又称苣荬菜，始载于清代《植物名实图考》："苣荬菜，北地极多……其叶长数寸，锯齿森森，中露白脉，花开正如蒲公英。"

1. 长裂苦苣菜　2. 茎　3. 叶　4. 花

| 1 | 2 | 3 | 4 |

图76　长裂苦苣菜

菊科 Compositae —— 蒲公英属 *Taraxacum*

蒲公英

Taraxacum mongolicum Hand.-Mazz.

【植物形态】多年生草本,高10～25 cm。**根:**圆柱状,黑褐色,粗壮。**叶:**倒卵状披针形、倒披针形或长圆状披针形,先端钝或急尖,边缘有时具波状齿或羽状深裂。**花:**头状花序;总苞钟状,淡绿色;边缘花舌片背面具紫红色条纹,花药和柱头暗绿色。**果:**瘦果倒卵状披针形,暗褐色,上部具小刺,下部具成行排列的小瘤。花期4—9月,果期5—10月。

【药材名】蒲公英(药用部位:全草)。

【性味归经】苦、甘,寒,归肝、胃经。

【功用】清热解毒,消痈散结,利湿通淋。用于疔疮肿毒、乳痈、瘰疬、目赤、咽痛、肺痈、肠痈、湿热黄疸、热淋涩痛。

【使用注意】非实热之证及阴疽者慎服。

【文献记载】蒲公英原名蒲公草,始载于唐代《新修本草》:"叶似苦苣,花黄,断有白汁,人皆啖之。"宋代《本草图经》:"蒲公草……春初生苗,叶如苦苣。"明代《本草纲目》:"地丁,江之南北颇多,他处亦有之,岭南绝无,小科布地,四散而生,茎、叶、花、絮并似苦苣,但小耳。嫩苗可食。"

1.蒲公英 2.茎 3.叶 4.花 5.种子 6.蒲公英(药材)

图77 蒲公英

1	2	3	5
		4	6

百合科 Liliaceae —— 百合属 Lilium

有斑百合

Lilium concolor var. *pulchellum* (Fisch.) Regel

【植物形态】多年生草本,高30～50 cm。**茎:**卵球形,少数近基部带紫色,有小乳头状突起;鳞片卵形或卵状披针形,白色,鳞茎上方茎上有根。**叶:**散生,条形,边缘有小乳头状突起,两面无毛。**花:**近伞形或总状花序,花直立,星状开展,深红色,无斑点,有光泽;花被片有斑点,矩圆状披针形。**果:**蒴果矩圆形。花期6—7月,果期8—9月。

【药材名】百合(药用部位:鳞叶)。

【性味归经】甘,寒,归心、肺经。

【功用】养阴润肺,清心安神。用于阴虚燥咳、劳嗽咳血、虚烦惊悸、失眠多梦、精神恍惚。

【使用注意】风寒咳嗽、中寒便溏者忌服。

【文献记载】有斑百合,载于清代《植物名实图考》"红花四垂",然其附图中山丹的花为不四垂,书中又记载"或曰渥丹花",推测书中文字记载或为百合又一品种"渥丹"。

1. 有斑百合　2. 茎　3. 叶　4. 花

图78　有斑百合

| 1 | 2 | 3 |
| | | 4 |

石蒜科 *Amaryllidaceae* —— 葱属 *Allium*

薤白
Allium macrostemon Bunge

【植物形态】多年生草本，高30～70 cm。**茎**：鳞茎近球状，基部常具小鳞茎；鳞茎外皮带黑色，纸质或膜质，不破裂。**叶**：半圆柱状，或因背部纵棱发达而为三棱状半圆柱形，中空，上面具沟槽。**花**：伞形花序半球状至球状，具多而密集的花，或间具珠芽或有时全为珠芽；珠芽暗紫色，基部亦具小苞片；花淡紫色或淡红色，花被片矩圆状卵形至矩圆状披针形。花果期5—7月。

【药材名】薤白（药用部位：鳞茎）。

【性味归经】苦、辛，温，归肺、心、胃、大肠经。

【功用】通阳散结，行气导滞。用于胸痹心痛、脘腹痞满胀痛、泻痢后重。

【使用注意】辛散行气，气虚者慎服。

【文献记载】薤白，始载于《神农本草经》："味辛，温。主治金创，创败，轻身，不饥，耐老，生鲁山平泽。"《本草纲目》："薤八月栽根，正月分莳，宜肥壤，数枝一本，则茂而根大……二月开细花，紫白色。根如小蒜，一本数棵，相依而生。五月叶青而掘之，否则肉不满也。"

1. 薤白　2. 茎　3. 花　4. 薤白（药材）

图79　薤白

1	2	3
		4

天门冬科 Asparagaceae —— 知母属 Anemarrhena

知母
Anemarrhena asphodeloides Bunge

【植物形态】一年生草本。**茎**：根状茎粗，为残存的叶鞘所覆盖。**叶**：向先端渐尖而成近丝状，基部渐宽而成鞘状，具多条平行脉，没有明显的中脉。**花**：总状花序；苞片小，卵形或卵圆形；花粉红色、淡紫色至白色；花被片条形。**果**：蒴果狭椭圆形，顶端有短喙。**种子**：种子长7～10 mm。花果期6—9月。

【药材名】知母（药用部位：根茎）。

【性味归经】苦、甘、寒，归肺、胃、肾经。

【功用】清热泻火，滋阴润燥。用于外感热病、高热烦渴、肺热燥咳、骨蒸潮热、内热消渴、肠燥便秘。

【使用注意】脾胃虚寒，大便溏泄者忌服。

【文献记载】知母，始载于《尔雅》，称为"莐藩"。《神农本草经》："主消渴热中，除邪气肢体浮肿，下水，补不足，益气。"《本草纲目》："知母之辛苦寒凉，下则润肾燥而滋阴，上则清肺金泻火，乃二经气分药也。"

1.知母　2.花　3.种子　4.知母（药材）

图80　知母

| 1 | 2 | 3 |
| --- | --- | 4 |

百合科 Liliaceae —— 百合属 Lilium

山丹
Lilium pumilum DC.

【植物形态】多年生草本。**茎**：鳞茎卵形或圆锥形，鳞片矩圆形或长卵形，白色；茎有小乳头状突起，有的带紫色条纹。**叶**：散生于茎中部，条形，中脉下面突出，边缘有乳头状突起。**花**：单生或数朵排成总状花序，鲜红色，通常无斑点，有时有少数斑点，下垂；花被片反卷，蜜腺两边有乳头状突起；花药长椭圆形，黄色，花粉近红色。**果**：蒴果矩圆形。花期7—8月，果期9—10月。

【药材名】百合（药用部位：鳞叶）。

【性味归经】甘，寒，归心、肺经。

【功用】养阴润肺，清心安神。用于阴虚燥咳、劳嗽咳血、虚烦惊悸、失眠多梦、精神恍惚。

【使用注意】风寒咳嗽、中寒便溏者忌服。

【文献记载】百合，始载于《神农本草经》："百合，味甘平，生川谷。"唐代《食疗本草》："山丹。其根食之不甚良，不及白花者。"《本草纲目》："叶长而狭，尖如柳叶，红花，不四垂者，山丹也。"清代《本经逢原》："白花者补脾肺，赤花者名山丹，散瘀血药用之。"

1. 山丹　2. 根　3. 茎　4. 叶　5. 花　6. 果实　7. 百合

图81　山丹

	2	3	6
1	4		
	5		7

百合科 Liliaceae —— 百合属 *Lilium*

卷丹
Lilium tigrinum Ker Gawler

【植物形态】多年生草本。**茎**：鳞茎近宽球形；鳞片宽卵形，白色；茎带紫色条纹，具白色绵毛。**叶**：散生，矩圆状披针形或披针形，两面近无毛。**花**：苞片叶状，卵状披针形，先端钝，有白绵毛；花梗，紫色，有白色绵毛；花下垂，花被片披针形，反卷，橙红色，有紫黑色斑点；花丝淡红色，无毛，花药矩圆形。**果**：蒴果狭长卵形。花期7—8月，果期9—10月。

【药材名】百合（药用部位：鳞叶）。

【性味归经】甘，寒，归心、肺经。

【功用】养阴润肺，清心安神。用于阴虚燥咳、劳嗽咳血、虚烦惊悸、失眠多梦、精神恍惚。

【使用注意】风寒咳嗽、中寒便溏者忌服。

【文献记载】百合，始载于《神农本草经》。《本草纲目》："茎叶似山丹而高，红花带黄而四垂，上有黑斑点，其子先结在枝叶间者，卷丹也。""卷丹，其根有瓣似百合，不堪食，别一种也。"清代《本草述钩元》："叶短而阔，微似竹叶，白花四垂者，百合也。"

1. 卷丹　2. 茎　3. 叶　4. 花　5. 百合（药材）

图82　卷丹

天门冬科 Asparagaceae —— 山麦冬属 Liriope

禾叶山麦冬
Liriope graminifolia (L.) Baker

【植物形态】多年生草本。**根：**细或稍粗，分枝多，有时有纺锤形小块根。**茎：**根状茎短或稍长，具地下走茎。**叶：**先端钝或渐尖，近全缘，但先端边缘具细齿，基部常有残存的枯叶或有时撕裂成纤维状。**花：**花葶通常稍短于叶，总状花序，具许多花；苞片卵形，干膜质；花被片狭矩圆形或矩圆形，白色或淡紫色；花药近矩圆形；子房近球形。**种子：**卵圆形或近球形，成熟时蓝黑色。花期6—8月，果期9—11月。

【药材名】山麦冬（药用部位：根）。

【性味归经】甘、微苦，微寒，归心、肺、胃经。

【功用】养阴生津，润肺清心。用于肺燥干咳、阴虚痨嗽、喉痹咽痛、津伤口渴、内热消渴、心烦失眠、肠燥便秘。

【使用注意】虚寒泄泻、湿浊中阻、风寒、寒痰咳喘者忌服。

1. 禾叶山麦冬　2. 花

图83　禾叶山麦冬

| 1 | 2 |

天门冬科 Asparagaceae —— 黄精属 Polygonatum

玉竹

Polygonatum odoratum (Mill.) Druce

【植物形态】多年生草本,高20～50 cm。**茎**:根状茎圆柱形。**叶**:互生,椭圆形至卵状矩圆形,先端尖,下面带灰白色。**花**:花序具1～4花,无苞片或有条状披针形苞片;花被黄绿色至白色,花被筒较直;花丝丝状,近平滑至具乳头状突起。**果**:浆果蓝黑色。**种子**:具7～9颗种子。花期5—6月,果期7—9月。

【药材名】玉竹(药用部位:根茎)。

【性味归经】甘,微寒,归肺、胃经。

【功用】养阴润燥,生津止渴。用于肺胃阴伤、燥热咳嗽、咽干口渴、内热消渴。

【使用注意】痰湿气滞者禁服,脾虚便溏者慎服。

【文献记载】玉竹原名女萎,始载于《神农本草经》:"主中风暴热,不能动摇,跌筋结肉,诸不足。久服去面黑䵟,好颜色,润泽,轻身不老。"宋代《本草图经》:"生泰山山谷、丘陵。今滁州、岳州及汉中皆有之……三月开青花,结圆实。"《本草纲目》:"其根横生似黄精,差小,黄白色,性柔多须,最难燥。其叶如竹,两两相值。"

1. 玉竹　2. 茎　3. 叶　4. 玉竹(药材)

图84　玉竹

| 1 | 2 | 3 |
| | | 4 |

天门冬科 Asparagaceae —— 黄精属 *Polygonatum*

黄精
Polygonatum sibiricum Delar. ex Redoute

【植物形态】多年生草本,高50～90 cm,或高达100 cm以上。**茎**:根状茎圆柱状,结节膨大,有时呈攀援状。**叶**:轮生,条状披针形,先端拳卷或弯曲成钩。**花**:花序似成伞形状;苞片位于花梗基部,膜质,钻形或条状披针形;花被乳白色至淡黄色。**果**:浆果黑色。**种子**:具4～7颗种子。花期5—6月,果期8—9月。

【药材名】黄精(药用部位:根茎)。

【性味归经】甘,平,归脾、肺、肾经。

【功用】补气养阴,健脾,润肺,益肾。用于脾胃气虚、体倦乏力、胃阴不足、口干食少、肺虚燥咳、劳嗽咳血、精血不足、腰膝酸软、须发早白、内热消渴。

【使用注意】中寒泄泻、痰湿痞满气滞者禁服。

【文献记载】黄精,始载于《雷公炮炙论》,并指出其"叶似竹叶"。《本草经集注》:"今处处有。二月始生,一枝多叶,叶状似竹而短,根似萎蕤。"《本经逢原》:"黄精为补中宫之胜品,宽中益气,使五脏调和,肌肉充盛,骨髓坚强,皆是补阴之功。"《本草纲目》:"补诸虚,止寒热,填精髓。"

1. 黄精　2、3. 茎、叶　4. 黄精(药材)

图85　黄精

菝葜科 Smilacaceae —— 菝葜属 *Smilax*

鞘柄菝葜
Smilax stans Maxim.

【植物形态】落叶灌木或半灌木,高0.3～3 m。**茎**:茎和枝条稍具棱,无刺。**叶**:纸质,卵形、卵状披针形或近圆形;叶柄向基部渐宽成鞘状,背面有多条纵槽,无卷须,脱落点位于近顶端。**花**:花序具1～3朵或更多的花;总花梗纤细;花序托不膨大;花绿黄色,有时淡红色。**果**:浆果,熟时黑色,具粉霜。花期5—6月,果期10月。

【药材名】鞘菝葜(药用部位:块茎及根)。

【性味归经】辛、苦、咸,平,归肝、肾经。

【功用】祛风除湿,活血顺气,止痛。用于风湿疼痛、跌打损伤、外伤出血、鱼骨鲠喉。

【使用注意】虚弱者慎用。

1.鞘柄菝葜　2、3.茎、叶　4.果实

图86　鞘柄菝葜

1	2
	3	4

薯蓣科 Dioscoreaceae —— 薯蓣属 Dioscorea

穿龙薯蓣
Dioscorea nipponica Makino

【植物形态】缠绕草质藤本,长达5 m。茎:根状茎横生,圆柱形,多分枝,茎左旋,近无毛。叶:单叶互生;叶片掌状心形;叶表面黄绿色,无毛或有稀疏的白色细柔毛。花:雌雄异株,雄花序为腋生的穗状花序,花序基部常集成小伞状,至花序顶端常为单花;苞片披针形;花被碟形。果:蒴果成熟后枯黄色,三棱形。种子:着生于中轴基部,四周有不等的薄膜状翅。花期6—8月,果期8—10月。

【药材名】穿山龙(药用部位:根茎)。

【性味归经】甘、苦,温,归肝、肾、肺经。

【功用】祛风除湿,舒筋通络,活血止痛,止咳平喘。用于风湿痹病、关节肿胀、疼痛麻木、跌扑损伤、闪腰岔气、咳嗽气喘。

【使用注意】粉碎加工时,注意防护,以免发生过敏反应。

【文献记载】穿山龙,载于《东北药用植物志》:"舒筋活血,治腰腿疼痛,筋骨麻木出。"《陕西中草药》:"祛风湿,消食利水,祛痰截疟,消肿止痛。主治咳嗽,消化不良,疟疾,跌打损伤,痈肿恶疮。"

1.穿龙薯蓣 2.茎 3.叶 4.花 5.果实 6.穿山龙(药材)

图87 穿龙薯蓣

薯蓣科 Dioscoreaceae —— 薯蓣属 Dioscorea

薯蓣

Dioscorea polystachya Turczaninow

【植物形态】缠绕草质藤本,长达1 m多。**茎**:块茎长圆柱形,茎通常带紫红色,右旋,无毛。**叶**:单叶,在茎下部的互生,中部以上的对生;叶片卵状三角形至宽卵形或戟形。**花**:雌雄异株;雌雄花序为穗状花序,近直立;苞片和花被片有紫褐色斑点。**果**:蒴果不反折,三棱状扁圆形或三棱状圆形。**种子**:着生于每室中轴中部。花期6—9月,果期7—11月。

【药材名】山药(药用部位:根茎)。

【性味归经】甘,平,归脾、肺、肾经。

【功用】补脾养胃,生津益肺,补肾涩精。用于脾虚食少、久泻不止、肺虚喘咳、肾虚遗精、带下、尿频、虚热消渴。

【使用注意】实邪者不宜,患感冒、大便燥结者及肠胃积滞者忌用,不可以生吃,孕妇慎吃。

【文献记载】山药原名薯蓣,载于《神农本草经》:"主健中补虚,除寒热邪气,补中益气力,长肌肉,久服耳目聪明。"宋代《本草图经》:"今处处有之……春生苗,蔓延篱援,茎紫、叶青,有二尖角,似牵牛更厚而光泽,夏开细白花,大类枣花。"

1. 薯蓣 2. 茎 3. 叶 4. 花 5. 山药(药材)

图88 薯蓣

1	2	4
	3	5

鸢尾科 Iridaceae ── 射干属 *Belamcanda*

射干
Belamcanda chinensis (L.) Redouté

【植物形态】多年生草本,高1~1.5 m。**根**:须根多数,带黄色。**茎**:根状茎为不规则的块状,茎实心。**叶**:互生,嵌迭状排列,剑形。**花**:花序顶生;苞片披针形或卵圆形;花橙红色,散生紫褐色的斑点。**果**:蒴果倒卵形或长椭圆形,顶端无喙。**种子**:圆球形,黑紫色,着生在果轴上。花期6—8月,果期7—9月。

【药材名】射干(药用部位:根茎)。

【性味归经】苦,寒,归肺经。

【功用】清热解毒,消痰,利咽。用于热毒痰火郁结、咽喉肿痛、痰涎壅盛、咳嗽气喘。

【使用注意】病无实热,脾虚便溏及孕妇禁服。

【文献记载】射干,始载于《神农本草经》,列为下品。《本草图经》:"今在处有之,人家庭砌间亦多种植,春生苗,高二三尺,叶似蛮姜而狭长,横张疏如翅羽状……叶中抽茎,似萱草而强硬。六月开花,黄红色,瓣上有细纹。秋结实作房,中子黑色。根多须,皮黄黑,肉黄赤。"

1. 射干　2. 根　3. 茎　4. 叶　5. 花　6. 果实　7. 射干(药材)

图89　射干

	2	4	6
1	3	5	7

鸢尾科 Iridaceae —— 鸢尾属 Iris

野鸢尾
Iris dichotoma Pall.

【植物形态】多年生草本，高40～60 cm。**根**：须根发达，粗而长，黄白色，分枝少。**茎**：根状茎为不规则的块状，棕褐色或黑褐色，实心，上部二歧状分枝，分枝处生有披针形的茎生叶。**叶**：基生或在花茎基部互生，两面灰绿色，无明显的中脉。**花**：花序生于分枝顶端；苞片披针形；花蓝紫色或浅蓝色，有棕褐色斑纹；花柱分枝扁平，花瓣状，子房绿色。**果**：蒴果圆柱形或略弯曲，果皮黄绿色。**种子**：暗褐色，椭圆形，有小翅。花期7—8月，果期8—9月。

【药材名】白花射干（药用部位：根及全草）。

【性味归经】苦，寒，有小毒，归肺、胃、肝经。

【功用】清热解毒，活血消肿，止痛止咳。用于咽喉、牙龈肿痛、疖腮、乳痈、胃痛、肝炎、肝脾肿大、肺热咳喘、跌打损伤、水田性皮炎。

【使用注意】脾虚便溏者禁服。

【文献记载】白花射干，始载于清代《植物名实图考》卷二十四毒草类："江西、湖广多有之。二月开花，白色有黄点，似蝴蝶花而小，叶光滑粉披，颇似知母，亦有误为知母者。结子亦小，与蝴蝶花共生一处，花罢蝴蝶花方开。俚医谓之冷水丹，以为行血通关节之药。"

1. 野鸢尾 2. 茎 3. 花

图90　野鸢尾

1　2　3

鸢尾科 *Iridaceae* —— 鸢尾属 *Iris*

马蔺

Iris lactea Pall.

【植物形态】多年生密丛草本。**根**：须根粗长，黄白色。**茎**：根状茎粗壮，包有红紫色老叶残留纤维，斜伸。**叶**：基生，坚韧，灰绿色，条形或狭剑形，带红紫色。**花**：浅蓝色、蓝色或蓝紫色，花被上有较深色的条纹；苞片披针形；花药黄色，花丝白色；子房纺锤形。**果**：蒴果长椭圆状柱形，顶端有短喙。**种子**：不规则的多面体，棕褐色，略有光泽。花期5—6月，果期6—9月。

【药材名】马蔺（药用部位：全草）。

【性味归经】苦、甘、寒，归肾、膀胱、肝经。

【功用】清热解毒，利尿通淋，活血消肿。用于喉痹、淋浊、关节痛、痈疽恶疮、金疮等病症。

【使用注意】脾虚便溏者慎服。

【文献记载】马蔺，载于《本草纲目》："蠡草生荒野中，就地丛生，一本二三十茎，苗高三四尺，叶中抽茎，开花结实。"《本草图经》："三月开花，五月采实，并阴干用。"

1. 马蔺　2. 叶　3. 花　4. 果实

图91　马蔺

| 1 | 2 | 3 |
| | | 4 |

禾本科 Poaceae —— 荩草属 Arthraxon

荩草

Arthraxon hispidus (Trin.) Makino

【植物形态】一年生草本,高30～60 cm。**茎**:秆细弱无毛,具多节,常分枝。**叶**:叶鞘短于节间,有短硬疣毛;叶舌膜质,边缘具纤毛;叶片卵状披针形,除下部边缘生纤毛外,余均无毛。**花**:总状花序细弱,2～10枚呈指状排列或簇生于秆顶;总状花序轴节间无毛;无柄小穗卵状披针形;花药黄色或带紫色。**果**:颖果长圆形,与稃体等长。花果期9—11月。

【药材名】荩草(药用部位:全草)。

【性味归经】苦,平,归肺经。

【功用】止咳定喘,解毒杀虫。用于久咳气喘、肝炎、咽喉炎、口腔炎、鼻炎、淋巴结炎、乳腺炎、疮疡疥癣。

【使用注意】畏鼠妇。

【文献记载】荩草,始载于《神农本草经》:"生川谷。"《名医别录》云:"可以染作金色,生青衣川谷,九月、十月采。"《新修本草》:"此草,叶似竹而细薄,茎亦圆小。生平泽溪润之侧,荆襄人煮以染黄,色极鲜好。洗疮有效。俗名菉蓐草。"

1. 荩草　2. 叶

| 1 | 2 |

图92　荩草

禾本科 *Poaceae* —— 白茅属 *Imperata*

白茅

Imperata cylindrica (L.) Beauv.

【植物形态】多年生草本,高30～80 cm。**茎**:杆直立,节无毛。**叶**:叶鞘聚集于秆基;叶舌膜质,紧贴其背部或鞘口具柔毛;秆生叶片窄线形。**花**:圆锥花序稠密,基盘具丝状柔毛。**果**:颖果椭圆形,胚长为颖果之半。花果期4—6月。

【药材名】白茅根(药用部位:根茎)。

【性味归经】甘,寒,归肺、胃、膀胱经。

【功用】凉血止血,清热利尿。用于血热吐血、衄血、尿血、热病烦渴、湿热黄疸、水肿尿少、热淋涩痛。

【使用注意】脾胃虚寒,溲多不渴者禁服。

【文献记载】白茅根,始载于《神农本草经》:"茅根,味甘,寒。主劳伤虚羸,补中益气,除瘀血,血闭寒热,利小便。其苗,主下水。一名兰根,一名茹根。生山谷田野。"唐代《药性论》:"白茅,臣,能破血,主消渴。"

1. 白茅　2. 花序　3. 白茅根(药材)

图93　白茅

禾本科 Poaceae ——— 狼尾草属 *Pennisetum*

狼尾草
Pennisetum alopecuroides (L.) Spreng.

【植物形态】多年生草本，高30～120 cm。**根**：须根较粗壮。**茎**：秆直立，丛生。**叶**：叶鞘光滑，两侧压扁，主脉呈脊；叶舌具纤毛；叶片线形，先端长渐尖。**花**：圆锥花序直立；主轴密生柔毛；刚毛粗糙，淡绿色或紫色；小穗通常单生，偶有双生，线状披针形；鳞被2，楔形；雄蕊3，花药顶端无毫毛；花柱基部联合。**果**：颖果长圆形。花果期夏秋季。

【药材名】狼尾草根（药用部位：根及根茎）。

【性味归经】甘，平，归肺、心经。

【功用】清肺止咳，解毒。用于肺热咳嗽、疮毒。

【文献记载】狼尾草，始载于唐代《本草拾遗》："狼尾草，子作黍，食之，令人不饥。似茅，作穗，生泽地。"《植物名实图考》："生冈阜，秋抽茎，开花如莠而色赤，芒针长柔似白茅而大，其叶如履，颇韧。"

1. 狼尾草　2. 茎　3. 花序

| 1 | 2 | 3 |

图94　狼尾草

禾本科 Poaceae —— 菅属 Themeda

阿拉伯黄背草
Themeda triandra Forsk.

【植物形态】多年生草本，高达60 cm。**茎**：分枝少。**叶**：叶鞘压扁具脊，具瘤基柔毛；叶片线形，基部具瘤基毛。**花**：伪圆锥花序狭窄，由具线形佛焰苞的总状花序组成；总状花序，基部2对总苞状小穗着生在同一平面；有柄小穗雄性，无柄小穗两性，纺锤状圆柱形。花果期6—9月。

【药材名】黄背草（药用部位：全草）。

【性味归经】甘，温，归肝经。

【功用】活血通经，祛风除湿。用于经闭、风湿痹痛。

1.阿拉伯黄背草　2.茎　3.花序

图95　阿拉伯黄背草

| 1 | 2 | 3 |

天南星科 *Araceae* —— 半夏属 *Pinellia*

虎掌

Pinellia pedatisecta Schott

【植物形态】**根**：密集，肉质。**茎**：块茎近圆球形，常生小球茎。**叶**：叶柄淡绿色，下部具鞘；叶片鸟足状分裂，披针形，渐尖。**花**：花序柄直立，佛焰苞淡绿色，管部长圆形，向下渐收缩；檐部长披针形，锐尖；肉穗花序；附属器黄绿色，细线形，直立或略呈"S"形弯曲。**果**：浆果卵圆形，绿色至黄白色。花期6—7月，果期9—11月。

【药材名】虎掌（药用部位：茎）。

【性味归经】苦、辛，温，有小毒，归肺、肝、脾经。

【功用】祛风止痉，化痰散结。用于中风痰壅、口眼歪斜、半身不遂、手足麻痹、风痰眩晕、惊风、破伤风、咳嗽多痰、痈肿、瘰疬、跌扑损伤、毒蛇咬伤。

【使用注意】有毒，禁内服。

【文献记载】虎掌，始载于《神农本草经》："味苦温。主心痛，寒热结气，积聚伏梁伤筋痿拘缓，利水道。"其形态描述始载于《本草经集注》："形似半夏但皆大，四边有子如虎掌。"

1. 虎掌　2. 叶　3. 佛焰苞

1　2　3

图96　虎掌

天南星科 Araceae —— 半夏属 *Pinellia*

半夏
Pinellia ternata (Thunb.) Breit.

【植物形态】**茎**：块茎圆球形。**叶**：幼叶卵状心形或戟形，全缘，老株叶片裂片绿色，长圆状椭圆形或披针形。**花**：佛焰苞绿或绿白色，管部窄圆柱形；肉穗花序；附属器绿至青紫色，直立。**果**：浆果卵圆形，黄绿色。花期5—7月，果期8月。

【药材名】半夏（药用部位：块茎）。

【性味归经】辛、温，有毒，归脾、胃、肺经。

【功用】燥湿化痰，降逆止呕，消痞散结。用于湿痰寒痰、咳喘痰多、痰饮眩悸、风痰眩晕、痰厥头痛、呕吐反胃、胸脘痞闷、梅核气，外治痈肿痰核。

【使用注意】不宜与川乌、制川乌、草乌、制草乌、附子同用，生品内服宜慎。

【文献记载】半夏，始载于《神农本草经》，列为下品："味辛平。主伤寒寒热，心下坚，下气，喉咽肿痛，头眩，胸胀，咳逆肠鸣，止汗。"

1. 半夏 2. 叶 3. 半夏（药材）

图97 半夏

1	2
	3

香蒲科 Typhaceae —— 黑三棱属 *Sparganium*

黑三棱

Sparganium stoloniferum (Graebn.) Buch.-Ham. ex Juz.

【植物形态】多年生水生或沼生草本，高70～120 cm。**茎：**直立，粗壮，挺水。**叶：**具中脉，上部扁平，下部下面呈龙骨状凸起，或呈三棱形，基部鞘状。**花：**圆锥花序开展，花期雄性头状花序呈球形；雄花花被片匙形，膜质。**果：**倒圆锥形，上部通常膨大呈冠状，具棱，褐色。花果期5—10月。

【药材名】三棱（药用部位：块茎）。

【性味归经】辛、苦，平，归肝、脾经。

【功用】破血行气，消积止痛。用于癥瘕痞块、瘀血经闭、胸痹心痛、食积胀痛。

【使用注意】孕妇禁用，不宜与芒硝、玄明粉同用。

【文献记载】三棱，始载于唐代《本草拾遗》："三棱总有三四种，但取根，似乌梅，有须相连，蔓如绖，作漆色，蜀人织为器，一名萆者是也。"明代《本草经疏》："三棱，从血药则治血，从气药则治气，老癖癥瘕积聚结块，未有不由血瘀、气结、食停所致，苦能泄而辛能散，甘能和而入脾，血属阴而有形，此所以能治一切凝结停滞有形之坚积也。"

1. 黑三棱　2. 叶　3. 花　4. 果　5. 三棱（药材）

图98　黑三棱

1	2	3	4
			5

药用植物名称索引

一、药用植物中文名索引（以笔画为序）

二、药用植物拉丁学名索引

参考文献

［1］中国科学院中国植物志编辑委员会.中国植物志［M］.北京：科学出版社,2004.

［2］国家药典委员会.中华人民共和国药典［M］.北京：中国医药科技出版社,2020.

［3］河北植物志编辑委员会.河北植物志［M］.石家庄：河北科学技术出版社,1986—1991.

［4］南京中医药大学.中药大辞典［M］.2版.上海：上海科学技术出版社,2006.

［5］刘利柱.太行山常见植物野外识别手册［M］.石家庄：河北科学技术出版社,2019.

［6］刘冰.中国常见植物野外识别手册（北京册）［M］.北京：商务印书馆,2018.